U0686397

京津冀种业协同创新
共同体建设路径与机制

卢凤君　刘　晴　谢莉娇　李晓红　等　著

中国农业出版社
北京

　　北京市科委科技创新中心建设战略研究及专家咨询专项研究项目"京津冀种业创新共同体建设路径与创新机制研究"（课题编号：Z161100003116070）资助

　　北京市科委重大科技创新项目课题"京津冀作物新品种推广服务云平台建设应用"（课题编号：D171100002317002）资助

著　者：卢凤君　刘　晴　谢莉娇

　　　　李晓红　程　华　卢凤林

　　　　王彩金　张　晶　刘鉴洪

自序

京津冀三地种业发展具有相似的区位、互补的产业、协同的资源和良好的合作基础，部分种业领域已经开展协同发展的先行先试，三地建设种业协同创新共同体具有共同的理念、良好的产业基础、扎实的创新基础、协商的政策基础、共享的平台基础及创新的人才基础。京津冀种业协同创新共同体建设是一个复杂的巨系统工程，需要从协同、创新、共同体等核心概念出发，围绕京津冀种业发展的重大需求和关键问题提出建设路径和创新机制，借鉴"一带一路""长江经济带"等协同创新工程、平台、政策、机制构建的思路，推动三地种业协同创新的能力建设、体系建设和机制建设。

我们课题团队以促进京津冀种业协同创新发展为目的，以路径模式和创新机制构建为核心，运用调研考察与专家研讨相结合、系统分析与战略分析相结合、价值分析与责权利能分析相结合、机制分析与价值链管理相结合等方法，从体系、逻辑、结构和实证等方面对京津冀协同创新共同体建设进行了持续深入的研究探索。本书具有以下三个显著特点：

视角新颖。该著作以系统工程、管理科学与工程、系统动力学的理论和方法为基础，运用多学科交叉跨界的研究方法，从京津冀种业协同创新发展的系统认识入手，将系统认识、战略突破、目标引导、组织建设、机制保障和评价优化系统有机结合，设计了包括内涵特征、现状问题、模式借鉴、建设路径和创新机制在内的系统分析框架，深度挖掘了京津冀种业协同创新发展的重大战略性问题及解决对策，科学构建了京津冀种业协同创新发展的战略体系、目标体系、路径体系、机制体系和政策体系，探索了京津冀种业创新共同体建设运营的实践推广之路。

思路超前。该著作按照"提出问题—认识问题—分析问题—解决问题"的思路，立足于实现京津冀协同发展和种业国际竞争力提升的国家使命，综合应用复杂适应系统理论、价值链理论、契约理论和委托代理等理论，积极融合责任、权力、利益和能力对等的发展理念；充分运用创新链、价值链、产业链和服务链协同互促的原理，创新性提出了京津冀种业创新共同体由初级阶段向高级阶段发展演化的战略构想；系统分析了四大创新机制的内在作用机制，从多维创新、六体建设和五大要素匹配等角度构建了相对完整的京津冀种业协同创新发展理论体系，为促进京津冀地区种业协同发展提供了指导性和引领性的理念思路。

实践支撑。该著作围绕国家、区域和微观三个层次，提出国家宏观决策、区域联合协商和地方自发合作的京津冀种业协同创新共同体建设路径，构建京津冀种业协同创新发展的激励分配、增值创新、竞合共生和动态演化机制，并辅以国内外和京津冀区域种业发展大量案例进行佐证说明。上述创新能够为京津冀种业领域的理论工作者提供系统的研究方法和解决方案，为实践从业者探索京津冀种业协同发展战略、目标体系、建设路径和创新机制提供案例借鉴，为国家和地方政策制定者设计京津冀种业协同发展格局和营造种业发展环境提供决策参考。

该著作是理论、实践和方法有机结合的产物，是多学科融合创新思想在京津冀种业领域的探索尝试和应用，能够为有志了解、掌握和投身于京津冀种业协同创新发展的理论和实践工作者提供理论依据和方法支撑，能够为京津冀三地种业管理部门推动种业协同创新发展和种业产业链转型升级提供重要的决策依据。相信该著作的出版，会对从事与种业相关的理论研究者和实践应用者有所裨益。

卢凤君

2018 年 1 月

前言

　　京津冀种业协同创新共同体建设是落实北京市科学技术委员会（以下简称"北京市科委"）关于京津冀协同创新共同体建设工作方案的重要组成部分。本项目研究以京津冀种业为产业载体，以协同创新共同体建设路径与创新机制构建为研究对象，对于落实京津冀协同发展和创新驱动发展国家战略，建设全国科技创新中心推动京津冀农业供给侧结构性改革、落实中央 1 号文件精神，强化首都核心功能和构建"高精尖"产业结构，促进北京调结构、转方式、发展高效节水农业，助力北京现代种业转型升级与创新发展具有重要意义。种业协同创新共同体建设和种业产业发展之间具有相互依存、密不可分的关系。共同体建设将推动京津冀种业在理念与思路、体制与机制、组织与模式、科技与品牌等方面的协同创新。京津冀种业协同创新研究的落脚点在种业而不是种子科技创新，种业协同创新共同体的建设根本是要推动京津冀种业产业的发展，提升我国种业产业竞争力，为我国民族种业创新发展提供模式借鉴和解决方案。

　　建设京津冀种业协同创新共同体是历史的必然、时代的要求和国家战略的选择。本著作在研究京津冀协同发展和创新驱动发展等国家战略要求，结合北京农业"调转节"背景下现代种业发展需求，围绕北京建设全国科技创新中心的使命定位，分析了京津冀种业协同创新共同体建设的基础、现状和问题，明确了京津冀种业协同创新共同体建设的使命愿景、定位目标和发展战略，借鉴典型国家和地区不同领域种业协同创新的模式经验，按照系统创新的思路框架、方法流程和思维逻辑，构建了京津冀种业协同创新共同体建设的理论体系，设计了国家层面、区域层面和微观层面三个层次的建设路径，构建了京津冀种业协同创新共同体建设的政府环境营造型、企业主体主导型、科教机构主导型、联盟平台共享型四种协同创新角色，提出了京津冀种业协同创新共同体建设的激励分配、增值创新、竞合共生和动态演化的四大机制；提出了促进京津冀种业协同创新共同体建设的协同创新、高端服务和产业融合三大重点策略，构建了创新机制、营造环境、搭建平台和聚集要素四大政策措施，为共同体的系统建设和高效运行提供支撑保障。全书分为四部分，共十章。

第一部分是认识篇，重在梳理。包括第一章对京津冀种业协同创新共同体建设的系统认识和第二章京津冀种业协同创新共同体建设的基础和目标。主要是梳理京津冀种业协同创新共同体建设的政策需求，明确京津冀种业协同创新共同体建设的背景和意义，充分梳理京津冀种业协同创新共同体建设的六大基础和主要问题，确定京津冀种业协同创新共同体建设的目标、定位、使命和愿景。

第二部分是理论篇，重在设计。包括第三章京津冀种业协同创新共同体建设的理论探索和第四章国内外种业协同创新共同体建设的模式借鉴。综述了国内外典型国家和地区在农作物、蔬菜、畜禽和水产种业领域的模式做法及借鉴启示，从创新驱动、"六体"建设和要素配置三条主线构建了京津冀种业协同创新共同体建设的理论体系。

第三部分是实践篇，重在总结。包括第五章至第八章，分别是京津冀玉米、蔬菜、蛋鸡和水产种业共同体建设的战略思考，在大量实践调研和专家深度访谈的基础上，从实践总结、思路框架、路径机制和要素配置等方面，提出了分领域、分品种构建京津冀种业协同创新共同体的实践案例和创新思路。

第四部分是展望篇，重在创构。包括第九章京津冀种业协同创新共同体建设的重点策略和第十章京津冀种业协同创新共同体建设的保障措施。以北京国家现代农业科技城（以下简称"北京农科城"）为载体提出了种业协同创新、服务引领和产业融合等重点策略，从创新机制、营造环境、搭建平台和聚集要素等方面提出了京津冀种业协同创新共同体建设的保障措施。

参与本书撰写工作的有卢凤君（第一章至第十章）、刘晴（第一、二、三、四、九、十章）、谢莉娇（第二、三、九章）、李晓红（第三、四章）、卢凤林（第四、八章）、王彩金（第四、五章）、程华（第四、七章）、张晶（第四、六章）、刘鉴洪（第八章）等。卢凤君和刘晴负责全书的整体策划、结构设计、关键把握、内容统改和终审定稿。

本书是北京市科委科技创新中心建设战略研究及专家咨询专项研究项目"京津冀种业创新共同体建设路径与创新机制研究"（课题编号：Z161100003116070）和北京市科委重大科技创新项目课题"京津冀作物新品种推广服务云平台建设应用"（课题编号：D171100002317002）的重要研究成

果。由于京津冀种业协调创新共同体的建设发展存在着复杂性、系统性和动态性，受篇幅所限，本书不能涵盖所有的研究成果。在课题研究和书稿撰写过程中，课题组得到了国家科学技术部中国农村技术开发中心农业攻关处卢兵友处长、农业部种子管理局厉建萌副调研员、北京市科委农村发展中心李志军主任、赵淑红总工程师、北京市种子管理站张连平副站长、河北省科技厅农村科技处徐成处长、杨佩茹副处长、天津市科学技术委员会农村科技处单光瑞处长、北京峪口禽业孙皓董事长、北京大北农科技集团股份有限公司李军民副研究员等有关领导和专家的大力支持，得到了北京市、河北省、天津市相关农业科技管理部门、农业院校、科研院所和企业共 60 余位专家和企业家的全力配合，在此不能一一列举，特别向上述单位及个人表示感谢。

本书所涉及的学科领域非常广泛，内容丰富、体系庞大，理论性和指导性强。书中难免有不妥之处，恳请广大读者批评指正。

著　者

2017 年 12 月

目录

第一部分

认 识 篇

第一章 对京津冀种业协同创新共同体建设的系统认识

一、重大背景

围绕国家种业强国建设、京津冀发展国家战略和北京市科委京津冀协同创新共同体建设，进一步明确京津冀种业协同创新共同体建设的重大背景和战略意义。

（一）国家种业命运与竞争力提升需要新平台

种业是国家战略性、基础性核心产业，是促进农业长期稳定发展、保障国家粮食安全的根本。2013 年，中央农村工作会议制定了"以我为主、立足国内、确保产能、适度进口、科技支撑"的国家粮食安全新战略，实现"谷物基本自给、口粮绝对安全"，必须加快选育突破性高产优质新品种，做大做强民族种子产业，牢牢把握农业生产发展主动权。习近平总书记曾说过，"好儿要好娘，好种多打粮""种地不选种，累死落个空"。培育好民族种业，选育出具有自主知识产权的优良品种，才能从源头上保障国家粮食安全。李克强总理指出，良种是农业科技的重要载体，是带有根本性的生产要素，要充分运用传统育种技术和现代生物技术加快良种研发，需要明确方向、整合资源、持续攻关。深化种业体制改革，必须建立"育繁推一体化"机制，加快现代种业发展。汪洋副总理到北京市通州区国际种业科技园调研种业发展情况，召开种业部际协调组会议，推动出台《关于深化种业体制改革，提高创新能力的意见》（国办发〔2013〕109 号），支持召开扶贫开发和现代种业工作座谈会，指出种业是现代农业发展的"生命线"，是保障国家粮食安全的基石，要求加快深化种业体制改革，加大推进现代种业发展力度。建设京津冀种业创新共同体，是建设种业强国、实施创新驱动发展战略、落实种业体制改革相关精神的重要举措。

（二）国家农业供给侧结构性改革需要新动能

2017 年 1 月，《中共中央　国务院关于深入推进农业供给侧结构性改革加快培育农业农村发展新动能的若干意见》指出，要加快现代种业创新，加大种业自主创新重大工程实施力度，开展玉米、小麦等四大作物良种重大科研联合攻关，加快适宜机械化生产、轻简化栽培、优质高产多抗广适新品种选育。积极推动以企业为主体的作物"育繁推一体化"发展模式，扶持壮大一批种子龙头企业，加快国家级育种基地和区域性良种繁育基地建设，推动新一轮农作物品种更新换代。京津冀种业创新共同体通过吸收和培育一批"育繁推一体化"种业企业，积极打造政府引导、市场主导、企业主体、科教支撑的种业协同创新平台，对于强化企业创新主体地位、推动农业供给侧改革、保障国家种业安全具有重要意义。

（三）京津冀农业协同创新发展需要新路径

《京津冀现代农业协同发展规划（2016—2020 年）》实施以来，三地种子管理部门建立了京津冀一体化审定机制，加快了京津冀种业协同发展的步伐。北京市委市政府《关于调结构转方式发展高效节水农业的意见》指出调结构、转方式、发展高效节水农业。《北京市人民政府关于促进现代种业发展的意见》提出北京要围绕农作物、畜禽、水产、林果四大种业，大力提升建设"种业之都"，实施农业"调结构、转方式、优布局"的一系列重大举措。建设京津冀种业创新共同体，对于北京建设全国科技创新中心、强化京津冀种业协同发展效果、助力北京"种业之都"建设、全面提升北京现代种业发展水平具有重要意义。

（四）创新驱动京津冀种业发展需要新机制

要加快农业发展，就必须加快农业科技进步。习近平指出："要给农业插上科技的翅膀。"2011 年国务院印发《关于加快推进现代农作物种业发展的意见》（国发〔2011〕8 号），对推进我国现代种业发展确定了正确的方向；2013年国务院办公厅印发《关于深化种业体制改革提高创新能力的意见》（国办发〔2013〕109 号），并明确提出"建设种业强国"的宏伟目标，就种业的体制改革和科技创新提出了具体的措施。随着种业产业体系的逐步完善，我国建立了较完善的动植物育种研究体系，其规模、数量和从业人数位居世界第一，良种培育、供种能力和种子商品化水平不断提高，种业对国民经济的快速稳定发展的支撑作用逐步增强。近年来跨国种业公司纷纷涌入我国，目前全球排名前五位的种业公司都已在我国种业行业开拓市场，并且已经在蔬菜种子等领域占据了我国一半以上的市场份额，开始主导市场。建设京津冀种业创新共同体，需要以"建设种业强国"为目标，探索政府引导、市场主导、企业主体、多方合作的命运共同体建设机制。

二、战略意义

以京津冀种业为载体，以协同创新共同体建设为对象，以建设路径与创新机制构建为手段，对推动京津冀种业协同创新发展具有以下五个方面的重要意义。

（一）落实京津冀协同发展和创新驱动发展国家战略的重要抓手

创新驱动发展战略是党的十八大报告提出的国家战略，是建设创新型国家和实现绿色低碳发展的根本保障。2015 年 3 月，中共中央、国务院发布了《关于深化体制机制改革加快实施创新驱动发展战略的若干意见》，提出了坚持全面创新的思路原则。2014 年，习近平总书记视察北京时明确了京津冀协同发展这一重大国家战略，国务院随后成立京津冀协同发展领导小组，国家发改委组织编制了《京津冀协同发展规划纲要》。实现创新驱动发展是推动京津冀协同发展的战略选择。实现京津冀协同发展和创新驱动，是面向未来打造新型首都经济圈，实现新常态下经济可持续发展的必然要求。京津冀种业协同创新发展是京津冀协同发展战略的重要组成部分，对明确京津冀三地种业创新分工、共享创新资源、充分对接融合创新链和产业链、构建区域种业协同创新合作机制具有重大意义。

（二）推动京津冀农业供给侧结构改革、落实中央 1 号文件精神的重要载体

中央经济工作会议、中央农村工作会议和《中共中央　国务院关于深入推进农业供给侧结构性改革加快培育农业农村发展新动能的若干意见》（中发〔2017〕1 号）和《农业部关于推进农业供给侧结构性改革的实施意见》提出要推动农业供给侧结构性改革，加快现代种业创新，加大种业自主创新重大工程实施力度，开展四大作物良种重大科研联合攻关，积极推动以企业为主体的作物"育繁推一体化"发展模式，加快推进畜禽水产良种繁育体系建设，推进畜禽品种联合育种和全基因组选择育种。建设京津冀种业创新共同体，是补齐现代种业体制机制、科技创新、政策投入和人才团队短板，推动京津冀农业供给侧结构性改革的重要抓手，在推动粮经饲大种业、绿色种业和创新种业方面大有可为。

（三）建设全国科技创新中心农业板块和构建"高精尖"农业产业结构的重要支撑

北京作为首都承担着全国政治中心、文化中心、国际中心、科技创新中心

四大核心功能，在实施京津冀协同发展战略、推动首都功能定位调整的同时，需要优化产业布局，强化首都核心功能定位，构建"高精尖"经济结构。现代种业已成为创新要素跨领域高度集成的高技术产业，北京拥有现代种业协同发展的高端科技、高端人才和创新资源等优势，正在努力建设全国科技创新中心的农业板块，打造"种业之都"，加快构建"高精尖"的种业产业结构，形成高端引领、创新驱动、绿色低碳的现代种业发展模式，不断提升种业创新服务能力，需要站在京津冀协同发展的角度，全力支撑非首都核心功能的疏散，拓展种业发展的物理空间，提升京津冀种业协同创新发展的价值。

（四）北京调结构、转方式、发展高效节水农业的重要手段

北京农业作为支撑经济社会发展的基础性产业，必须服从、服务于京津冀协同发展战略。目前，北京农业正面临发展空间有限、资源短缺、农业效益仍有较大提升空间等突出问题，亟须依靠区域一体化来加以解决。可以说，北京农业的发展离不开京津冀农业的协同发展，同时，京津冀农业的协同发展需要北京农业发挥辐射引领作用。2014年9月，北京市委、市政府出台《关于调结构转方式发展高效节水农业的意见》（京发〔2014〕16号），提出"调结构、转方式、发展高效节水农业"，着力构建与首都功能定位相一致、与二三产业发展相融合、与京津冀协同发展相衔接的农业产业结构。京津冀种业需要以现代种业为突破口，从京津冀整体着眼开展产业布局，从区域一体化需求入手进行资源投入，以协同创新驱动协调发展，切实增强京津冀农业现代化对区域一体化发展的驱动作用。

（五）国家现代种业协同创新与跨越式发展的重要途径

京津冀种业发展正处于传统种业向现代种业的转型过渡期。做强做大现代种业，全面落实国务院8号文件、109号文件关于种业体制改革的要求，以及全国农作物现代种业发展规划，需要北京以"种业之都"提升发展为着力点，加快实现种业国家政策在京落地，继续发挥北京作为全国种业研发创新中心和世界种业交流服务中心的重要作用；提升天津作为种业成果转化与展示繁育基地的作用；强化河北作为重点种业领域产业示范基地的作用，推动京津冀种业联动创新。这就要求京津冀种业以现代种业的商业化育种体系构建为突破口，以企业为主体，以品牌增值、创新服务、平台联通为核心，加快跨区域的产学研协同创新合作，推动农业产业高端化、服务化和融合化，建立京津冀乃至更大范围的种业创新协同发展机制，这也是贯彻京津冀协同发展国家战略的应有之义。

第二章 京津冀种业协同创新共同体建设的基础和目标

一、协同基础

在前期实地调研、专家座谈和资料梳理的基础上，从共同理念、产业发展、科技创新、支持政策、创新平台和人才团队等方面，系统总结京津冀种业协同创新共同体建设的六大基础。

（一）共同理念

种业是提高国际农业竞争力的基础，北京种业领域科技创新优势明显。近几年来，北京市种业发展迅速，已初步形成全国种业的"三个中心、一个平台"的发展格局。种业产业规模不断增加，总部经济特征明显，种业科技创新能力和市场竞争力得到显著提升。北京市科学技术委员会率先提出依托北京国家现代农业科技城构建新型种业体系的设想，从"良种创制、成果托管、技术交易、良种产业化"四大环节进行改革创新，探索新型种业体系建设路径，加快种业创新和成果产业化，推进北京"种业之都"建设。天津是典型的"大都市，小农业"，虽然在传统农业生产方面不具优势，但是水稻、蔬菜等农作物种业起步早，国内影响力强，种业科技更是全国领先，是全国种业的引领者。河北地貌类型多样，作物资源丰富，具备得天独厚的种业优势。河北是农业大省，也是种子生产和需求的大省，北京的优势品种多在河北完成转化。河北不仅具有品种优势，而且具有市场优势。河北多个品种在全国具有不可替代性，尤其是功能食品的特色优势，丰富的种类为河北的种业发展提供了良好的支撑。不仅在京津冀，甚至在全国范围内，河北省均提供了广阔的种子市场。

2016 年 10 月 31 日，由北京、天津、河北、上海、重庆五省（直辖市）种子管理单位共同编制的"2015 年度京津冀沪渝农作物种业发展报告"正式发布。这是京津冀沪渝五省（直辖市）连续第二年联合编制年度农作物种业发展报告。本次五省（直辖市）年度种业发展报告分产业政策与发展环境、种业科技创新、种子生产与推广、种子企业发展与变化、种子管理与服务和种子行业大事记等六部分。系统总结了 2015 年度，五省（直辖市）以"亲诚惠容"四项共识为指引，在共同建设农作物一体化区域试验、跨省市农作物新品种展示、种业信息资源共享、种子管理成果交流、种业科技项目联合攻关、人才交流培养合作机制等方面的主要成效，以及在种业政策、品种管理、信息交流、成果推广、市场执法等领域的重大实质性合作情况。这为强化京津冀种业协同创新理念共识，完善京津冀种业协同创新的研究基础提供了重要保障。

（二）产业基础

京津冀种业创新在全国种业科技创新链中处于制高点地位，也将成为世界种业科技创新的制高点。京津冀同属华北平原暖温带大陆性气候旱作耕作区，相似的农业自然条件是京津冀一体化及农业可持续发展的共同依托。京津有人才、科技、资金、信息优势，河北省有生态区位、种质资源、土地空间、劳动力资源优势。随着京津冀协同发展上升为国家战略，三地开启了京津冀优势互补、统筹推进、协同发展的新篇章。

目前，北京种业在玉米、小麦、蔬菜、饲草、种猪、蛋鸡、肉鸡、肉鸭、奶牛等物种领域已形成显著优势。天津种业在畜牧（奶牛、肉羊）、水产（淡水鱼、海珍品）、作物（粳稻、春小麦）、蔬菜、花卉方面形成了较明显的优势。河北种业在杂交谷、节水小麦、棉花、杂粮、苹果方面具有相对的比较优势。河北省纵跨 6 个纬度，种质资源丰富，杂交谷、节水小麦、棉花、杂粮、苹果等育种在国内领先，拥有国家良种改良中心 9 个，技术创新联盟 12 个，为种业发展提供了有力的技术支撑。但在人才团队、种业资源和育种技术上，相较于先进地区仍有较大差距，存在"有种无业"的现象，种业知识产权保护工作亟须加强。

从种业产值、优势品种、种业企业、种业基地、政策投入、发展定位六个方面，分别分析了北京、天津、河北三地种业产业发展现状，详见表 2-1。

表 2-1　京津冀种业产业发展现状

区域	产 业 现 状
北京	种业产值：2016 年北京种业销售额近 120 亿元，其中作物种业约 60 亿元 优势品种：杂交玉米、杂交小麦、大白菜、蛋种鸡、北京鸭 种业企业："育繁推一体化"企业 9 家、"中国种业信用明星企业" 3 家和"中国种业信用骨干企业" 5 家 种业基地：初步搭建了"10＋1＋5"农作物品种试验展示网络框架基地，建成了畜禽良种场 191 个、水产良种场 47 家 政策投入："十二五"期间，北京市对种业投入超过 10 亿元 发展定位：国家种业之都、全国种业科技创新中心

（续）

区域	产 业 现 状
天津	种业产值：产值规模达 10 亿元；2016 年，天津市作物种业产值约 4.25 亿元 优势品种：蔬菜（黄瓜、花椰菜、大白菜等）育种、西甜瓜育种、粳稻和专用小麦育种 种业企业：企业间兼并重组步伐加快，但亿元以上规模种业企业偏少 种业基地：包括优质高效蔬菜良种繁育基地、优质粮良种繁育基地、猪良种繁育基地、奶牛良种繁育基地、淡水鱼类良种繁育基地、海珍品水产良种繁育基地、花卉良种繁育基地、林果苗木良种繁育基地、食用菌良种繁育基地及转基因棉花良种繁育基地十大种业基地 政策投入：拟每个种业基地总体建设投资规模超过 3 000 万元（2010 年数据） 发展定位：天津现代种业体系建设的"二三四五六"发展战略，即"两大产业、三大技术、四大平台、五大服务、六大保障措施"
河北	种业产值：产值规模 10 亿元左右；2016 年，河北省作物种业产值约 3.4 亿元 优势品种：马铃薯、甘蓝、棉花、大豆、花生、谷子等作物品种 种业企业：呈现"多、小、散"的状况，注册资金超亿元的企业偏少 种业基地：外省和外企玉米品种占据河北省玉米总种植面积的 70% 政策投入：相对偏少 发展定位：大力发展现代种业，建设现代特色种业强省

（三）创新基础

京津冀主要农作物品种联审共推机制实施一年有余，目前已完成两年京津冀冬小麦、夏玉米品种联合试验及第一年水稻联合试验，初步筛选出丰产稳产性较好的 4 个小麦品种和 5 个玉米品种。2017 年产生第一批京津冀联合审定品种。2015 年起，京津冀三地种子管理部门不断完善和细化一体化审定制度，并按年度组织落实了冬小麦、夏播玉米和水稻品种联合区域试验。此外，通过综合考量品种性状，京津冀三地种子管理部门从北京育种单位自主创新育成的玉米新品种中筛选出机收抗旱新品种"京农科 728"和抗旱新品种"旺禾 8 号"，以京津冀夏玉米机收抗旱新品种及配套技术示范项目为纽带，大力示范推广新品种，并同步开展新品种高产高效制种技术和栽培技术研究，以实现良种良法配套。经过三地种子管理部门两年来的共同努力，"京农科 728"和"旺禾 8 号"在京津冀地区的推广面积已达到 400 万亩[*]，累计增加经济效益近 4 亿元。京津冀种业联审共推机制既可加速北京种业科技成果的转化应用，扩大北京优势玉米品种的辐射效应，促进北京籽种企业核心竞争力提升，又可优化京津冀玉米品种布局，提高京津冀玉米生产水平，带动京津冀农民增产增收。

---

* 亩为我国非法定计量单位，1 亩≈667 米^2。——编者注

以京津冀三地科研院所为主体成立的协同创新共同体，如京津冀农业科技协同创新中心、京津冀农业科技创新联盟及京津冀农业科技协同创新实验室。2014 年 5 月，北京市农林科学院、天津市农业科学院、河北省农林科学院共同签署了《京津冀协同发展农业科技合作协议》，确立了生态环境保护与区域可持续发展、种业科技创新、农业与农村信息化、都市农业等七大合作领域；2015 年 5 月，京津冀三地农业科学院在北京召开京津冀农业科技协同创新交流会，共同签署《京津冀农业科技协同创新中心》共建协议书；2016 年 6 月建立了京津冀农业科技创新联盟，12 月召开京津冀农业科技协同创新发展研讨会，并成立了京津冀农产品质量安全联合实验室、京津冀农业资源环境联合实验室、京津冀果蔬有害生物绿色防控联合实验室等以科研院所为主体的协同创新共同体。主要目标是围绕区域农业和主导产业发展的科技需求、全局性重大战略、共性技术难题和区域性农业产业发展关键技术问题开展联合攻关，增强协同创新能力，加速创新成果落地转化，为推进区域现代农业协同发展提供科技支撑；主要任务是加强资源整合，解决共性技术难题，开展农业示范生产基地建设，培养研究型创新人才和应用型技能人才，京津冀农业科技协同创新工作机制。

（四）政策基础

近年来，北京、天津、河北三地畜牧管理部门（河北省畜牧兽医局、北京市农业局、天津市畜牧兽医局）通过沟通协商等方式，已签订了一系列的合作框架协议，主要涉及区域间协同发展中各项政策、法律、法规的协同问题，以营造协同发展的环境，形成了制度协同创新共同体。如 2014 年年底，三地畜牧兽医管理部门本着"优势互补、互利共赢，先行先试、重点突破，平等协商、合理对接，市场主导、政府推动"的原则，正式签订《京津冀协同发展畜牧兽医事业合作框架协议》；其后，陆续制定了《京津冀畜禽屠宰监管工作联席会议章程》和联合执法行动方案，并根据《京津冀生猪屠宰专项整治行动实施方案》，定期组织开展了屠宰专项督察和联合整治执法行动；同时，统一了三地屠宰企业行业准入标准，并进行分级管理，联合制定了《京津冀动物卫生风险评估分级管理办法（试行）》，对京津冀三地动物疫病联防联控工作等进行了部署；另外，还多次组织召开了京津冀畜牧业研讨会，对合作的领域、合作难点及三地畜牧产业协同发展实施意见进行了详细讨论和审定，为京津冀畜禽业协同发展创造了良好的外部环境。

为加快推进京津冀种业一体化协同发展，做好省际交界处等重点区域种子市场监管衔接，北京、天津、河北三地种子管理机构联合开展"京津冀种子市场巡查"活动。此次联合检查主要针对北京市大兴区、天津市静海区、河北省青县种子市场上经营的玉米及蔬菜种子品种进行检查。检查内容包括：种子经营门店资质、玉米品种的审定情况、种子标签的规范性、真实性。此次共检查种子经营门店 9 家、检查玉米、蔬菜等作物品种共计 200 多个。各地种子管理机构对于在联合检查行动中发现的本地区企业涉嫌违法的行为,均依法进行了处理。

(五) 平台基础

建设联合体推动玉米育种机制创新。为了从根本上打破"小而散""各立山头""单兵作战"的传统育种模式，形成合力解决玉米育种创新能力提升的机制问题。2010 年，北京国家现代农业科技城（以下简称"北京农科城"）启动了"北京 DH 工程化育种研究与利用联合体建设"项目，凝聚了北京市农林科学院、中国农业大学、中国农业科学院、中国种子集团有限公司、北京德农种业公司、北京金色农华种业公司、北京奥瑞金种业公司、山东登海种业公司等多家优势高校、科研单位和企业，建立起以 DH 育种技术为载体，以知识产权为纽带，以信息技术为手段，产学研紧密结合、科研与企业优势互补的科技创新联合体。目前，玉米单倍体诱导率平均达到 10％以上，加倍率平均达到 15％以上。通过诱导、加倍并经鉴定、筛选，获得有较好利用价值的 DH 系已有 1 万多个，通过协议提供给国内种业企业和科研单位 1.2 万余份次，并精选 1 000 份 DH 系，提供给国家作物种质资源库用于鉴定和长期保存。配制玉米杂交组合超过 20 万个，筛选出了一批具有超高产、优质、多抗、广适、易制种等综合特性优良的苗头组合。

此外，北京市率先提出依托国家现代农业科技城构建新型种业体系的设想，从"良种创制、成果托管、技术交易、良种产业化"四大环节进行改革创新，探索新型种业体系建设路径，加快种业创新和成果产业化，推进北京种业之都建设。在新型种业体系建设中，北京农业科学城探索了良种创新机制与种业交易中心、首都籽种产业科技创新服务联盟、育种创新平台和种业成果托管平台、通州国际种业园区（即一中心、一联盟、两平台、一园区）"1121"等的协同创新机制。以知识产权为纽带，促进科企合作共同开发市场；以企业商业资本为纽带，加快玉米、杂交小麦等种业成果的产业化；以核心技术为纽带，促进科技创新要素向企业汇集，提升了企业的自主研发能力；加强基础性、公益性研究与商业化育种要素有机衔接和相互促进，推进"育繁推一体化"的全产业链创新。

依托北京农业科学城新型种业体系，北京在全国率先建设了首都现代育种服务平台和北京农业科学城种业科技成果托管平台，创制了一批重大技术成果，1 万余种种业科技成果实现了信息成果登记，超过 4 000 个新品种在通州国际种业园区进行了基地展示推介，京农科 728 等 20 个玉米、蔬菜新品种成功实现产业化开发，加速了种业产学研结合和产业化进程。

（六）人才基础

目前，以共享合作、协同发展为目标，由三地各级畜牧兽医学会、畜牧业协会、科技协会主办，畜牧主管部门、科研院所和产业技术体系、相关企业参加的各种论坛（定期或不定期）、座谈会和研讨会，已经成为战略合作、学术交流、技术推广、专业人员培训等共享三地科技资源的平台。如京津冀畜牧兽医科技创新论坛，是 2007 年京津冀三地畜牧兽医学会在签署《京津冀畜牧医科技合作协议》基础上，商定每两年举办一次的学术交流活动，目标是聚集京津冀三地学会的科技和智力资源，搭建技术交流共享平台，推动科技协作。迄今该论坛已分别于三地举办了五届，在学术互访、科技评估协作及科技咨询人才推荐等方面发挥了重要作用。类似的活动还包括：2015 年 4 月由河北省畜牧兽医学会举办的"京冀两地畜牧兽医学会共建创新发展新模式座谈会"，2015 年 10 月由北京畜牧兽医学会主办的"京津冀畜牧业协同发展战略研讨会"，2015 年 12 月由河北省畜牧兽医学会举办的"京津冀（动物繁殖技术）协同创新研讨会"，2016 年 10 月由河北省畜牧业协会主办的"京津冀畜牧业协同发展高峰论坛"等。这些研讨会就京津冀三地畜牧业发展的资源、市场、信息、人才及资本等自由流动和优势互补问题进行讨论，形成的一些成果对建立和完善京津冀协同发展具有重要促进作用。

二、关键难题

围绕京津冀种业协同创新发展的现状，从理念目标、价值利益、行为标准、市场关系、政策体制等方面，深入分析京津冀种业协同创新共同体建设面临的关键难题。京津冀种业共同体要实现建立全价值产业功能体系的目标，要通过机制设计、平台服务和组织建设来提升种业"圈链"。种业"圈链"受区域、行业、企业、领导等因素的影响；机制包括权力信息机制、责任目标机制、决策调优机制和能力利益机制；组织包括智能组织、平台组织和生态组织。京津冀三地种业协同发展需要以共同理念目标为基础，通过建立标准体系、链接业务流程统一三地种业主体的行为规范，促进三地"组合—耦合—融合"的不断演化，最终才能实现"有序—高效—精准"协同一体发展的目标。京津冀种业协同创新共同体建设发展的关键难题示意图见图 2-1。

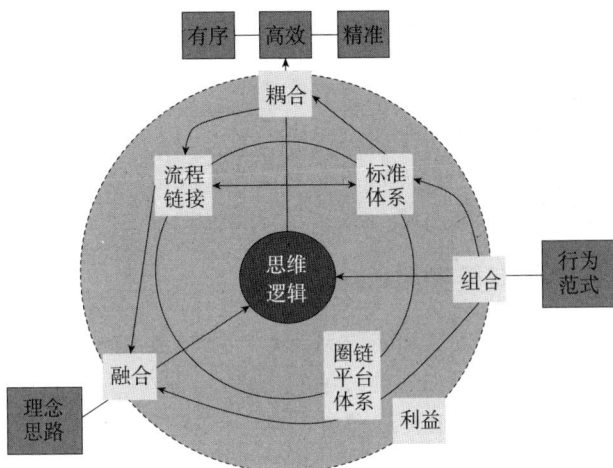

图 2-1　京津冀种业协同创新共同体建设发展的关键难题

（一）理念目标有待强化

尽管京津冀种业创新共同体建设存在一定的理念基础，但是由于共同体建设作为新生事物，相关主体在五大发展理念、协同创新愿景思路等方面还没有达到完全统一，京津冀种业共同体建设的定位目标还不清晰。因此，如何建立差异起步、过程协同和最终一体的京津冀种业创新发展目标并推动共同体建设成功，是京津冀种业共同体建设的出发点和落脚点。

（二）价值利益有待凝聚

利益分配是共同体建设和运行的重点难点。在种业科企合作和产学研结合过程中，利益分配和激励机制的好坏直接决定了京津冀种业科技成果转化与产业化效果的好坏。因此，京津冀种业创新共同体建设过程中利益分配问题是保持协同创新关系持续稳定发展的关键。

（三）行为标准有待规范

目前，京津冀种业还没有形成标准协同的体系、规范的行为、契约和流程。京津冀三地种业发展过程中，存在较多的种子标准不统一、种子产业链生产加工销售无法一体化及农机农艺不融合等问题，迫切需要统一种业产业链创新行为和创新标准体系。因此，如何建立以京津冀食品安全大市场为主导逆向引导种业创新链研究开发的标准与行为范式，从而推动种业全产业链闭环增值创新，是共同体建设和运行面临的巨大挑战。

（四）市场关系有待优化

种子市场需求决定了种业产业链的价值空间，也影响着种子市场秩序的构建。信息—信用—信任关系是推动京津冀种业市场协同的关键要素。目前，由于信息不对称、机会主义等行为较多，导致种子市场的"柠檬市场"和"逆向选择"现象较为突出，从而造成市场资源配置扭曲。

（五）政策体制有待突破

京津冀种业协同创新发展需要财政部、国家发展和改革委员会、科技部、农业农村部等多部门的协同和多种政策的衔接，针对共同体的建设过程中的关键卡位，突破体制机制瓶颈和环境条件制约，解决跨区域种业产业链转型升级的外部条件投入，引导制定合理有效的政策支撑体系，是强化共同体建设和运行的有效保障。

三、现实困惑

依据京津冀 60 余位专家深度座谈和近 30 家企业及院所品种案例剖析结果，从现实的困惑来解读京津冀种业协同创新共同体建设的短板在创新，卡位在组织，痛点在机制。

（一）协同创新的短板在创新

京津冀种业协同创新共同体的本质是推动种业的协同创新，而协同创新的前提在于理念的协同创新。理念协同才能推动组织协同和机制协同，才能形成协同的创新动力、创新目标、创新行为和创新结果，才能有效补齐创新驱动不足的短板，由此才能实现创新驱动的全面创新和产生创新的协同共振效应。

（二）协同创新的卡位在组织

京津冀种业协同创新共同体本身是一种联合体的治理结构，具有目标协同、规模适度、契约合理和结构优化等特征，其关键在于建立协同创新的组织结构。但由于目前京津冀在种业协同创新的组织尚未形成，还没有建立清晰明确的治理结构，还需要在协同目标、适度规模和合理契约方面进行深入持续的探索。

（三）协同创新的痛点在机制

良好的机制是京津冀种业协同创新共同体有效运行的核心要素。京津冀种业发展涉及国家种业发展命运和种业产业竞争力，与共同体紧密相关的四大机制包括以决策调优机制为核心的责任目标机制、信息权力机制和能力利益机制，目的是助力国家战略、落实目标责任、强化信息沟通、提升创新能力、增强利益联结。

四、发展目标

围绕国家种业发展命运与竞争力提升的重大使命，提出京津冀种业协同创新共同体建设的使命愿景、定位目标和发展战略。

（一）使命愿景

1. 使命　瞄准种业强国的"种业之都"和北京全国科技创新中心建设，紧抓国家现代种业示范区建设契机，以高度的社会责任感和历史使命感，立足京津冀现代农业尤其是种业产业发展需求，围绕京津冀协同发展重大机遇，整合创新、人才、科技、金融和政策等优势。依托京津冀地区农作物、蔬菜、畜禽、水产、林果花卉等五大种业领域先进的科学技术、强大的研发实力、科学的管理机制、卓越的管理团队和一流的产品品牌，做大做强"京津冀种业协同创新共同体"的整体品牌，助力中国建设"种业强国"、北京全国科技创新中心和"种业之都"的建设目标，为保障国家种业安全、"牢牢把握自主品种的饭碗"、共建京津冀种业命运共同体贡献力量。

2. 愿景　通过京津冀种业创新共同体建设，将京津冀现代种业打造成为：

（1）立足首都，提升全国科技创新中心的高精尖涉农产业　以强化"种业之都"建设为方向，以建设全国种业科技创新中心、世界种业科技交流服务中心为目标，以保障国家粮食安全、生物安全和种业安全为使命，以培育高精尖产业为着力点，充分发挥北京种业在京津冀一体化过程中的资源、平台和人才优势，凸显种业作为创新中心的组成部分，着力发展创新驱动、高端服务和兴业富民功能有机融合的北京现代种业产业，提升中国种业科技创新中心的影响力，助力国家现代种业创新试验示范区建设，全力打造北京"种业之都"，将现代种业做成北京乃至京津冀的高精尖涉农产业。

（2）带动京津冀，做强京津冀协同创新发展的战略性农业产业　集成整合京津冀三地的种业联合投入，深化京津冀区域种业一体化合作，选育打造3～5个具有地方优势特色的北京种业品牌，提高京津冀种业的世界影响力和全国知名度。加强京津冀种业自主创新和联合攻关育种，优化创新良种繁育、种子加工与检测等先进规模化生产装备与关键技术，促进种业全产业链的持续创新和发展，实现种业成果转化与产业化效率不断提升。

（3）引领全国，建设北京农科城科技创新与高端服务的首选产业 培育世界级种业企业 1～2 家（四大种业领域），打造全国种业信用骨干企业 8～10 家，培育实力突出、特色明显的"育繁推一体化"种业企业 10～12 家，打造一批育种能力强、生产加工技术先进、技术服务到位、市场竞争力强的种业龙头企业，实现京津冀种业企业自主创新能力大大提高，京津冀区域对种业企业总部的聚集与服务功能不断增强。

（4）影响全球，打造国家现代种业创新实验示范区的标志性产业 重点围绕农作物、蔬菜、畜禽、水产和林果花卉五大种业，构建科研分工合理、产学研紧密结合、资源集中、运行高效的育种新机制，发掘一批目标性状突出、综合性状优良的基因资源，强化分子育种、转基因育种、细胞工程育种等先进生物育种技术研究和应用，建成一批高水平、规模化生物育种研发与公共服务平台。充分发挥北京作为世界城市、国际化大都市的优势，优化京津冀种业协同发展环境，建设世界种业科技交流服务中心，大力发展种业会展经济、总部经济和服务经济，促进国际种业合作交流和种子贸易往来日益密切。

（二）定位目标

按照"共商、共创、共建、共享、共赢"的发展思路，确定京津冀种业协同创新共同体建设的定位目标：

1. 共商合作机制，建立引领性模式 三地种子行业积极合作，探索品种审定机制和品种区试的一体化，改进品种展示和区试示范方式，开展三地联合执法，建立京津冀一体化农作物品种审定机制，三地种子管理站分别牵头实施夏玉米、水稻、小麦联合区试。为促进新品种推广，京津冀三地从 2014 年开始，每年轮流主持，组织开展京津冀生态区小麦品种联合展示示范工作，吸引三地更多的单位承担展示新品种示范工作。

2. 共创合作模式，孵化标志性团队 加强创新合作，启动"京津冀协同创新共同体"科技创新行动计划，开展京津冀种业科技交流、共建联合实验室、科技园区合作、技术转移 4 项行动。未来 5 年内安排 1 000 人次青年科学家在京津冀从事短期科研工作，累计培训 5 000 人次种业科学技术和管理人员，投入运行 5 家联合实验室。

3. 共建产业基金，打造标志性产业 依托国家现代种业基金，加大对"京津冀种业创新共同体"建设的资金支持，由京津冀三地种业、科技管理部门引导支持，成立上 10 亿规模的京津冀种业协同创新基金，用于支持京津冀种业协同创新的基础设施建设、科技创新研发、产业金融合作。通过京津冀种业创新共同体建设，将京津冀现代种业打造成为具有以下特点的产业，即立足首都，提升全国科技创新中心的高精尖涉农产业；引领全国，服务国家农科城科技创新与高端服务的首选产业；影响全球，带动国家现代种业自主创新实验示范的标志性产业；带动京津冀，引领京津冀农业协同创新发展的战略性基础性产业。

4. 共享开放资源，搭建标志性平台　京津冀种业创新共同体的参与方之间建立稳定持续、互利共赢的协同合作关系，促进共同体各方互利互惠、创新增值、市场一体化、创新体系化、服务网络化，共享各类种业科技创新公共服务平台，助力区域种业科技成果转化和京津冀种业协同创新发展。

5. 共赢合作理念，培育标志性企业　扶持一批农作物、果蔬园艺种业领域的"育繁推一体化"企业和信用骨干企业，加快认定一批畜禽、水产种业领域的农业产业化龙头企业，加快建立以企业为主体的商业化育种模式，大幅度提高京津冀区域内种业企业的国际竞争力和市场占有率，推动形成企业主导的种业创新创业生态。

（三）发展战略

按照"聚变＋裂变""势差＋场能""追赶＋超越"的思路选择路径驱动模式，制定实施京津冀种业协同创新共同体5维度15方面的战略策略体系（图2-2）。同时，按照"信息价值聚核、平台服务联体、融合拓展丰形、人本增值强魂、活力创造凝神"的战略方案推动战略实施，逐步达到共同体聚集、联通、融合、创造、提升的效果。

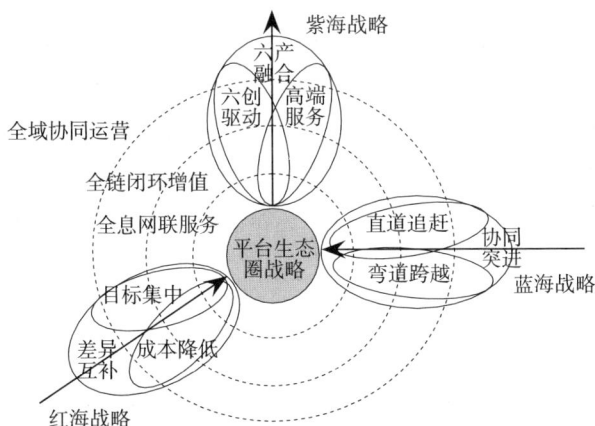

图 2-2　京津冀种业创新共同体发展的战略体系

1. 直道追赶、弯道跨越、协同突进的蓝海差异战略 实施直道学习追赶标杆企业、弯道超越竞争企业的战略，采取合作服务统领、兼并持股扩张、培育创新突破并举的业务发展策略，将京津冀种业做成北京乃至全国发展空间最大的种业增值领域，扩大京津冀种业创新价值来源，促进种业产业链价值形成、留存和放大。

2. 目标集中、成本降低、差异互补的红海竞争战略 利用农作物"育繁推一体化"企业和其他领域种业龙头企业的科技推广经验和销售网络，实施特定区域的目标集中战略，加快推进农科与种肥的区域网络化推广；利用"互联网＋"的思维和模式，建立面向客户的经营单元，最大限度降低经营成本；利用专家智库和智慧众筹，培育京津冀种业面向都市人群的差异化种苗业务，形成群带状、多链网和多空间的空间发展格局。

3. 六创驱动、高端服务、产业融合的紫海突破战略 顺应国家和北京市关于"双创"发展的重大精神，创新驱动、创业支撑、增加创意、汇聚创客、吸引创投、整合创智/创服，依靠现代服务业引领京津冀种业科技园区发展，推动一、二、三产业融合发展，建立联而融、融而创、创而增的良性循环，强化种业在北京种业和都市型现代农业发展中的引领地位。

4. 品牌、模式、服务融合互促的平台生态圈战略 依靠由组织链联通的种子创新链与价值链的深度融合，将北京种业企业市场、诚信、文化、创新的品牌优势与北京"种业之都"创新、服务融合的品牌优势相结合，将北京的科技、创新、人才和政策资源与津、冀广阔的产业资源和空间资源有机结合，创造科企结合共生多赢的创新模式与科技金融服务平台生态相结合的强势品牌。

5. 全息服务、全链增值、全域运营的三全共赢战略 从用种主体、食品加工主体、消费者等全链条的角度考虑种子的研发与销售，实现用种的基地建设、加工流通、渠道拓展、服务消费的全面增值；利用传统种子的营销推广基础，借助爱种网、"互联网＋"、微信客户平台、体验营销等方式实现种子的销售工作，实现面向不同空间的全域运营战略；依靠基金链接服务、信息增值服务、人才培训服务、科技推广服务等提升京津冀种业产业链的服务价值，打造全产业链种业闭环增值的集成服务商，实施面向区域品牌价值提升的全息服务战略。

第二部分

理 论 篇

第三章　京津冀种业协同创新共同体建设的理论探索

一、理论的框架

综述复杂适应理论、协同创新理论、共生理论和多链融合理论等多种理论，借鉴国内外推动产学研结合的理论与实践，从创新体系驱动、共同体建设和创新要素配置三条主线构建京津冀种业协同创新共同体建设的理论体系框架（图 3-1）。

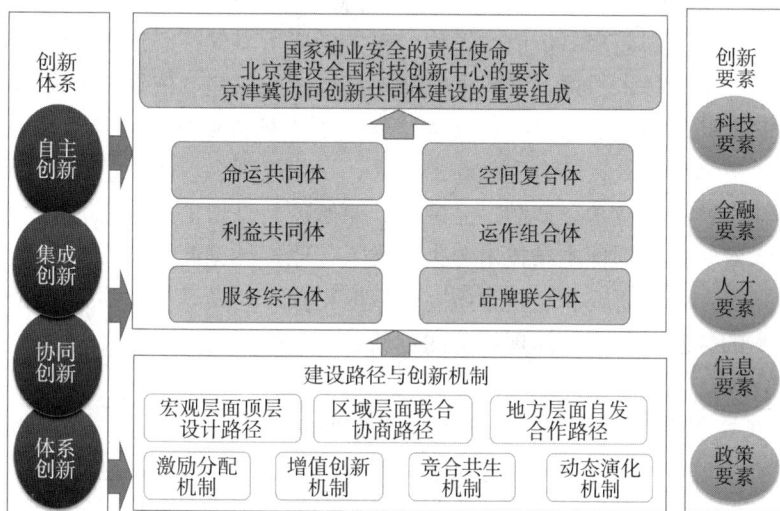

图 3-1　京津冀种业协同创新共同体建设的逻辑结构

（一）多维创新驱动

京津冀种业协同创新共同体的建设离不开创新的驱动，在多元创新组成的创新体系驱动下才能逐步探索共同体形成的路径机制，促进微观利益共同体、中观服务综合体、宏观命运共同体的实现。京津冀种业协同创新共同体多创融合的系统模型图（图 3-2）。

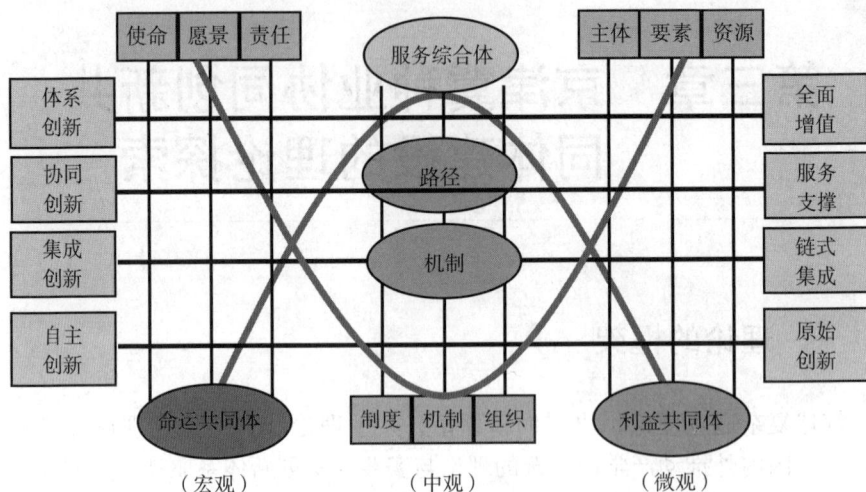

图 3-2　京津冀协同创新共同体多创融合的系统模型

1. 自主创新　自主创新是指通过拥有自主知识产权的独特核心技术，以及在此基础上实现新产品价值的过程。自主创新所需的核心技术来源于内部的技术突破，摆脱技术引进、技术模仿对外部技术的依赖，依靠自身力量、通过独立的研究开发活动而获得的，其本质就是牢牢把握创新核心环节的主动权，掌握核心技术的所有权。自主创新的成果，一般表现为新的科学发现，以及拥有自主知识产权的技术、产品、品牌等。原始创新是指前所未有的重大科学发现、技术发明、原理性主导技术等创新成果。原始性创新意味着在研究开发方面，特别是在基础研究和高技术研究领域取得独有的发现或发明。原始性创新是最根本的创新，是最能体现智慧的创新，是一个民族对人类文明进步做出贡献的重要体现。

2. 集成创新　种业是国家战略性、基础性和核心性产业，现代种业协同创新系统是指由各级政府、种业企业、科教机构、中介机构和金融服务主体等现代种业创新主体共同参与，围绕着现代种业做强做大的战略目标共同开展创新活动、优化创新行为、提高创新效率的系统，该系统是一个主体相互适应、互为环境的共生体。现代种业协同创新系统的共生是指在一定的共生环境中，多个具有创新特征的共生单元之间，按某种共生模式形成的既竞争又合作的紧密互利联系。现代种业协同创新系统呈现出竞合性、适应性、协同性、非线性等特征。

（1）竞合性　共生更多地表现为以一种合作竞争的方式、通过共生单元内部的重新再构和功能的重新定位进行分工（郭旸，2011）。共生关系的形成需要具有共同的环境界面，政府和市场共同作用的种业行业环境/生态则成为现代种业创新系统的共生界面。各类种业创新领域（如农作物、畜牧、蔬菜、水产、林果花卉等）种业产业链品种研发、良种创制、成果托管、技术交易和产业化等各大环节模块依托的产业（组织）载体相当于共生单元。每个共生单元之间具有边界特征，存在激发共生模式产生的内外机制（吴泓，顾朝林，2004）。

（2）**适应性**　现代种业协同创新体系的共生单元是强烈适应性的主体，参与协同创新的节点主体包括政府主体、企业主体、科教机构主体和中介机构主体等单一个体和组合形成创新群体，可以看作是共生界面中具有适应性特征的共生主体，任何共生主体在适应上所做的努力就是要去适应别的适应性主体，并且在条件具备的情况下去选择合适的共生对象参与创新（刘荣增，2006），这也构成现代种业协同创新系统构成复杂动态模式的主要根源。适应性主体具有感知效应的能力和活性，同时能够与环境和其他主体随机进行积极、有目的性、主动性的交互作用，以及信息和资源的交流，可以自动调整自身状态以适应环境，与其他适应性主体采取合作或竞争的方式，从而适应环境变化的要求，以获取最大的共生状态和共生利益。适应性主体会产生共同演化，它们会从正负反馈效果中实现加强，完成某种多样性统一形式的转变（邱荣旭，2010）。

（3）**协同性**　在整个种业协同创新系统中，主体为了适应其他主体或系统会发生一系列变化，而其他主体或系统会回应这种变化而发生适应性变化，两者共同变化促进了创新系统的协同演化。一般地，在同一个创新集群/创新小组中，关系亲密、兴趣一致的创新主体相互帮助、相互促进，进行着合作型协同演化；有利益冲突的创新主体则相互排斥（刘晴，卢凤君，2011），进行着竞争型协同演化，最终演化结果是竞合博弈、协同演化的结果（漆贤军，陈明红，2009）。

（4）**非线性**　现代种业创新系统的创新群、用户群（这里更多的指种业科技成果的供给主体和需求主体）和虚拟创新服务平台等多层元素具有非线性关系（陈禹，2001），系统在与外部环境的信息、知识、思想的交流中获取负熵流，使得各主体根据其微观主体行为模型（内部模型）——执行系统，利用正反馈机制实现系统的自组织和演化，导致系统呈现出一种非平衡的有序结构（李海波等，2006）。

3. 协同创新　京津冀种业协同创新系统符合共生关系存在的条件：

（1）**共生主体**　将种业领域参与创新的政府主体、企业主体、科教机构主体和中介机构主体等单一个体比作一个适应性主体，各类种业创新领域（如农作物、畜牧、蔬菜、水产、林果花卉等）种业产业链品种研发、良种创新机制、成果托管、技术交易和产业化等各大环节模块依托的产业（组织）载体、组织载体、空间载体和网络载体，构成多样化的共生单元。因此，现代种业创新体系中参与协同创新的节点主体可以看作是共生界面中具有适应性特征的共生主体。

（2）共生单元　也称作"共生联系"。各类种业创新领域（如农作物、畜牧、蔬菜、水产、林果花卉等）种业产业链品种研发、良种创新机制、成果托管、技术交易和产业化等各大环节模块依托的产业（组织）载体分别构成了具体的共生单元。而种业产业链更是包含了政府、科教机构、企业和中介机构等多个重要的创新节点。依据供应链与价值链理论，共生单元之间基于种业价值链的形成和演化，存在着科技、资金、信息、组织、产品等交互作用的相近联系，系统内个体间在技术创新、管理创新、价值创新和服务创新特征上存在着趋同性（这里的趋同是指占据相似生态位的主体的相似性）与收敛性，有利于形成协同创新的生态群落。

（3）共生界面　在现代种业协同创新系统内各创新主体之间的研发、创新机制、托管、交易一体化特征较为明显，而政府和市场的共同调控，为共生单元的一体化机制设计提供了较为确定的共生界面。

（4）共生结构　也称作"共生稳态"。现代种业协同创新系统内部由于要素禀赋配置的功能化分工定位和创新资源（种质资源、研发资源、技术资源、市场资源等）的同质互补性特征，存在内部结构的对称兼容和关联匹配趋势。

（5）共生环境　国家创新驱动战略、农业科技创新的政策效能及现代种业支撑保障体系的建设，为共生关系的选择和共生环境的培育提供了良好的制度条件和政策环境，有利于现代种业协同创新共生稳态的形成。

在具备了上述共生条件的基础上，现代种业协同创新系统的共生模式是指种业共生单元之间相互结合的形式，并反映共生单元之间作用的方式、强度，以及物质、能量或信息的交互关系。根据不同的行为关系和组织模式分类，共生关系包含寄生型点状共生、偏利型间歇共生、非对称互惠型连续共生和对称互惠型一体共生关系（冷志明，易夫，2008）。不同的共生关系具有不同的模式特征，同时各种模式之间存在互相转化的内在机制。复杂适应视角的现代种业协同创新系统模型见图3-3。

4. 体系创新　种业创新包括理念、思路、体制、机制、组织、模式、科技等创新，种业协同创新需要投入精准高效协同、过程融合高效转化、产出一体高效增值。种业协同创新共同体是支撑标准规范认证缩差提升、保障创新环境有序优化、突破共性难题制约、化解主体目标利益冲突的增值创新激励、平

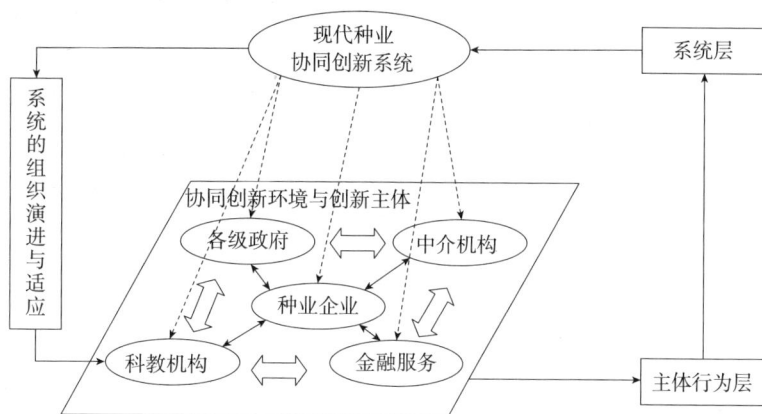

图 3-3 复杂适应视角的协同创新模型

台互利共生型战略联合组织。京津冀种业协同创新共同体建设的体系创新见图
3-4。

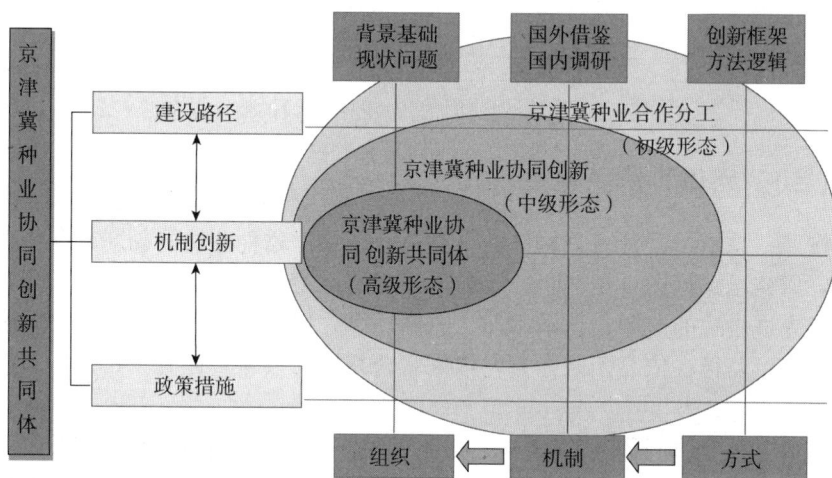

图 3-4 京津冀种业协同创新共同体建设的体系创新

京津冀种业协同创新共同体是在京津冀区域内，五大种业领域（农作物、
蔬菜、畜禽、水产、林果花卉）相关主体，以落实国家种业发展战略、提高种
业国际竞争力为使命，以提高种业创新效率、降低种业创新成本、缩短种业创
新周期和降低种业创新风险为目标，而组建或形成的正式或非正式的稳态合作
系统（团体、组织）。京津冀种业协同创新共同体在担当国家使命，坚持共同
信仰，健全优化机制，实施趋同行为和推动可持续发展方面具有系统性、动态
性、演化性，是京津冀种业从合作分工到协同创新进而形成命运共同体的高级

形态。基于多元创新驱动的京津冀种业协同创新共同体建设的概念模型见图3-5。

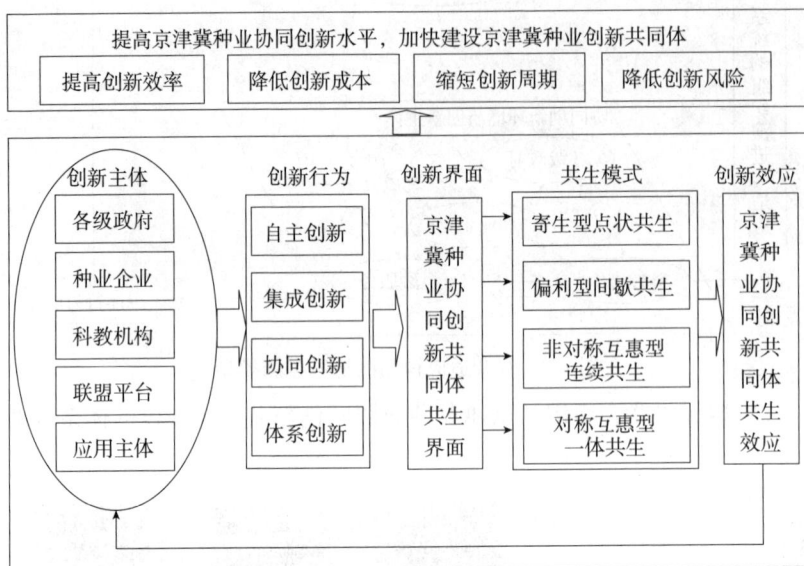

图 3-5　京津冀种业协同创新共同体建设的概念模型

(二)"六体"协同建设

按照"总结—设计—创构"的思路,开展京津冀种业协同创新共同体建设研究,研究思路见图 3-6。即充分挖掘已有的潜力,分析共同体建设的需求,找出与先进模式的差距;认清本质、总结规律、把握趋势,设计符合不同阶段特点的建设路径;依靠团队缩差,依靠联合超越,依靠集体升华,进行新模式创构。

京津冀种业协同创新共同体有命运共同体、利益共同体、服务综合体、运作组合体、空间复合体和品牌联合体等多种内涵。其中,命运共同体是战略路径,决定了参与共同体的门槛,只有同向同路同心同德的才可进入;利益共同体是动力机制,解决参与主体间的公平,保证共同体的秩序,使得共同体协同前行;服务综合体是价值载体,通过开展协同创新的综合公共服务,实现协同创新共同体的价值留存;运作组合体是运营方式,是种业产业链相关主体投资、组织、管理和运营的重要的手段,通过虚拟成集团,形成集团业务,对外进行业务组合运作;空间复合体是共生界面,是种业生活功能、生产功能、生态功能和示范功能复合叠加的空间界面,命运共同体、利益共同体、运作组合体、空间复合体和品牌联合体共同围绕服务综合体形成共生界面、共生物质和

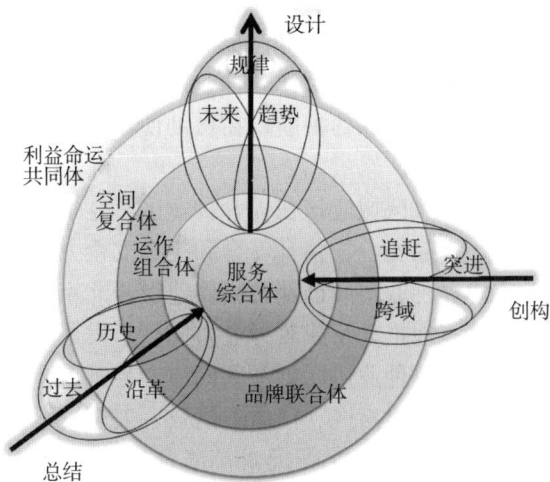

图 3-6　京津冀种业协同创新共同体的研究思路

共生能量。京津冀种业协同创新共同体"六体"构建思路见图 3-7。

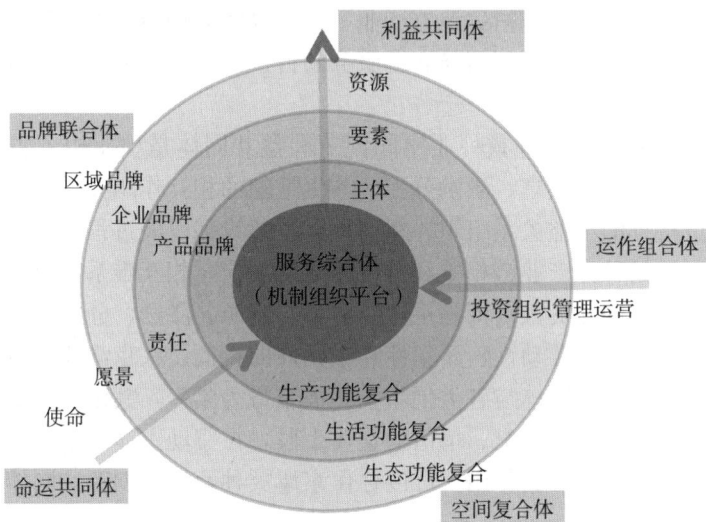

图 3-7　京津冀种业协同创新共同体"六体"构建思路

1. 命运共同体　京津冀种业协同创新命运共同体是指以落实国家重大战略为使命，以提升种业国际竞争力为目标，以掌握国家种业和农业命运为前提而形成具有共同理想信念的主体集合形成的组织。在"六体"建设和发展过程中，命运共同体是战略路径，是相互依存的权力观、共同利益观、可持续发展观和治理观的体现。命运共同体的关键词是使命、愿景、责任、共商、共建和共享。

命运共同体具有全局性、方向性和战略性的特征，是控制国家种业安全、粮食安全和生态安全的重要引擎。京津冀种业协同创新命运共同体应该为国家种业协同创新命运共同体建设保驾护航，在贯彻使命、落实责任、展望愿景方面发挥重要的作用。

（1）贯彻使命 京津冀区域应该在提升种业国际竞争力，增强种业国际影响力，保障种业安全、食品安全、粮食安全和生态安全方面发挥和完善不可替代的作用和角色。京津冀种业协同创新共同体建设是北京推动全国科技创新中心建设的重要手段，是三地推动京津冀种业协同创新发展的重要路径。

（2）落实责任 京津冀种业协同创新共同体立足都市、带动产地、服务京津冀，有责任有义务不断推出高产、优质、高效、安全、绿色和多功能的新品种，集成推广种业产业链新技术、新模式，培育发展种业科技创新引动的新业态。

（3）展望愿景 京津冀种业协同创新共同体应是可持续发展的生命共同体，能够跟跑甚至引领世界种业科技创新的前沿趋势，能够将现代种业发展成为全国科技创新中心的高精尖涉农产业、京津冀协同创新发展的战略性农业产业、北京农业科技城科技创新与高端服务的首选产业、国家现代种业创新实验示范区的标志性产业。

2. 利益共同体 京津冀种业协同创新利益共同体是种业相关主体之间形成的风险共担、利益共享、激励分配、共生增值的相互作用关系，以及由此形成的稳定可持续的利益关系组织。在"六体"建设和发展过程中，利益共同体是动力机制，是种业产业链相关利益主体共同凝聚、相互维系和协同创新的重要纽带。利益共同体的关键词是主体、要素、资源、激励、分配和增值。

利益共同体具有驱动性、聚集性和激励性的特征。在京津冀种业协同创新发展过程中，利益共同体与各类创新主体关系最为紧密，其作用更加聚焦、方式更为灵活，是激励、分配、增值的重要手段，在驱动主体、聚集要素和优配资源方面能够发挥重要的作用，可以称作京津冀种业协同创新共同体建设的关键卡位点。

（1）驱动主体 利益共同体能够让种业创新者、生产者和经营者成为利益共同体，通过股权激励、分配激励和增值激励等多种方式，让育种链条的主体关系更为紧密，使育种家、生产者、经营者的利益追求趋于一致，共同分担风险，共同分配利益，形成利益驱动种业创新、创新进一步驱动种业发展的良性循环。

（2）聚集要素 依据京津冀三地的比较优势分析和判断，相对而言，北京更容易吸引科技创新要素、人才要素、金融要素、信息要素和政策要素，河北更容易吸引产业要素，天津更容易吸引金融和信息要素，因此，利益共同体的建设会使得三地在聚集要素上呈现出差异化的作用和角色，呈现出互补的分工格局。

（3）优配资源　利益共同体建设对资源优配的作用还表现在科企结合和政产学研用结合机制构建上，以京科"968"的推广为例，建立起良好的利益分配和激励机制，才能实现育种单位创新资源、创新要素和创新人才的合理流动和转移，才能实现企业对育种创新成果的有效吸引、转化和产业化，才能实现育种创新联合体更大的利益回报，实现种业产业链创新资源的有效配置，提高种业创新效率。

3. 运作组合体　京津冀种业协同创新运作组合体就是以企业创新为主体，以科研院所为支撑，以组合运作为手段，建立分工协作、优势互补、价值导向的组合团队。在共同体建设与运营过程中，运作组合体发挥着虚拟集团化"盈利模式"创构的功能，是种业产业价值链价值实现和不断增值的有效手段。运作组合体的关键词是投资、管理、运营、成本、风险和收益。

运作组合体具有降成本、控风险和增收益的特征。运作组合体主要围绕种业重大研究创新、关键技术攻关、工程项目建设和业务组合运营，结合不同主体的优势分类组合或拆组，形成差异化的运作团队和"运营模式"，在共同投资、协同管理和组合运营方面发挥着重要作用。

（1）共同投资　运作组合体建设是政府资本、产业资本、社会资本和金融资本等的多种组合投入的结果，鉴于种业协同创新需要大量资金支持的瓶颈性问题，需要引入国家现代种业基金、种业龙头企业等管理种业投资主体，积极对接各类投资基金和投资机构。条件成熟时，成立京津冀现代种业协同创新基金，为京津冀三地种业协同创新发展提供充足的资金保障，加强对重大种业科技成果的转化和产业化，加快打造种业科技金融孵化与投资运作平台。

（2）协同管理　成立京津冀种业协同创新管理委员会，就京津冀种业协同发展开展联合协商，聚焦种业的相关试验示范、体制改革、机制创新等政策领域，共同制定种业协同创新发展的支持政策，推动协同创新的集成示范。

（3）组合运营　运作组合体需要采用 PPP（public private partnership）模式，引入合适的运作主体——虚拟集团企业，形成以政府公共目标、企业为主体、市场化运作的模式，京津冀三地相关机构组建虚拟集团，分京、津、冀三地布局业务板块，实现集团化运作和产业链关联业务的组合，未来以京津冀为总部向全国开展投资运营业务。

4. 服务综合体　京津冀种业协同创新服务综合体以种业现代服务业为主

导，聚合科技创新、研发服务、展示交易、节事活动、创意研发等第三产业业态的多功能、复合型价值载体。在"六体"建设和发展过程中，服务综合体是价值载体，是第三产业相互促进、相互融合、不断升级，并向集约化、低能耗、高附加值模式转变的高级发展形态。服务综合体是京津冀种业共同体建设的有效载体，是联结命运共同体、运营组合体和利益共同体的纽带和界面。服务综合体的关键词是制度、机制、组织、分工、合作和互补。

服务综合体具有专业服务、集成服务和高端服务的特点。其服务内容，涵盖研发与科技创新服务、信息服务、金融服务、培训和人才交流服务、政策对接服务和知识产权交易服务等内容。服务综合体在提供专业服务、集成服务和高端服务上发挥重要作用。

（1）专业服务 以企业为主体、市场为导向、产学研结合，构建种业技术创新体系，增强政府的服务意识，提升企业主体的创新意识，搭建京津冀种业协同创新科技资源和研发服务公共平台，引导企业和育种单位提升创新能力和创新水平。

（2）集成服务 政府 PPP 利用平台进行商业化运作，企业主体需要做好企业品牌和产品品牌。协同创新的过程中，构建综合服务所搭的"平台"，能够引进对接各种种业创新的专业化服务，使得专业服务通过综合服务形成集成服务，促进平台中各种业企业主体补缺短板、发挥长板，形成"服务综合体"。

（3）高端服务 京津冀的协同发展中，北京更注重基于协同创新的高端服务业，以服务业引领带动京津冀的发展，以及河北和天津的提升。未来北京的都市种业在内，非都市种业在外，形成主价值链在外及辅助价值链在内的发展模式。

5. 空间复合体 京津冀种业协同创新空间复合体是立足区域优势特色、融合区位资源禀赋、实现空间错位协同发展的复合共生界面。在"六体"建设和发展过程中，空间复合体是共生界面，是将种业产业链相关的生活功能、生态功能、生产功能和示范功能集成的空间界面。空间复合体的关键词是生产、生活、生态、融合、错位和共生。

空间复合体具有融合性、错位性和共生性的特征。鉴于北京发展种业土地空间资源有限的特点，发挥天津、河北两地的产业优势和资源优势，建设京津冀种业协同创新发展的"飞地"，就是有效的空间复合体的形式，有利于实现三地种业的融合发展、错位发展和共生发展。

（1）融合发展 重点强调种业作为农业高新技术产业，以生物技术为引领，以将来依托农业高新技术产业示范区建设，推动"种业小镇""智慧小镇""科技小镇"及产城镇村综合体建设，不能孤立地发展种业，而是要将种业与一、二、三产业发展有机衔接，实现种业科技创新引领的一、二、三产业融合发展。

（2）错位发展 北京在规模化大种业的科技链和创新链上没有优势，只能保持跟随，但服务链具有引领优势，能够缩差国际。服务引领优势的保障在于创新环境良好，尊重知识产权，接受知识价值，高等级人才要素在北京更易获得价值认同和价值平衡，而河北恰好缺乏这种支撑保障的环境、体系和氛围。因此，三地在空间上应该形成错位发展的格局。

（3）共生发展 三地要进行体系共建，引动北京科技创新体系向津冀转移和延伸，即河北和天津缩差国际依靠北京，北京发展利用河北的空间，由此形成高质的共同需求和优质的互补供给，形成"共建、共享、共赢"的共生发展局面。

6. 品牌联合体 京津冀种业协同创新品牌联合体的建设是立足优势企业品牌和产品品牌，融合特色生态区位，叠加高新科技含量，形成京津冀种业区域品牌的过程。在"六体"建设和发展过程中，品牌联合体通过将京津冀现代种业科技创新链、产业链、服务链和价值链有机融合，形成面向全国、服务京津冀的价值影响。品牌联合体的关键词是品牌联动、品牌运营和品牌管理。

品牌联合体具有联动性、共享性和约束性的特征。联动性体现了京津冀三地在种业协同创新品牌建设上的紧密联系；共享性体现了三地对种业协同创新公共品牌的共享利用；约束性体现了种业协同创新公共品牌对子品牌的约束和管理。

（1）品牌联动 京津冀协同创新共同体的相关品牌主体之间不是孤立的关系，而是相互依存、相互共生的关系。种业品牌联动的驱动力在于品牌联动能够产生品牌单一化发展所不具备的价值。种业品牌联动的能量价值在于通过品种品牌、产品品牌、企业品牌和区域品牌联动，实现品种、品质和品牌的联合价值创造。

（2）品牌运营 京津冀种业协同创新品牌联合体的品牌价值形成、实现和放大来源于对品牌联合体的有效运营，协同创新的品牌运营需要注入科技、人才、信息、金融和智慧的元素，需要开展商业模式的创新和盈利模式的实践，需要相关政府部门、种子企业、协会和系列服务主体共同发挥作用，共同为提升京津冀种业协同创新品牌的影响力和控制力贡献力量。

（3）品牌管理 京津冀种业协同创新品牌联合体的重要使命是形成京津冀三地联动的公共品牌，这种公共品牌需要具有公信力和权威性，与公共品牌相关的品种品牌、产品品牌和企业品牌等都能因为公共品牌而实现溢价；同时，公共品牌也会因为子品牌对其使用不规范、不合理而造成损失，公共品牌和子品牌之间是相互约束、相互制约的关系，这就需要加强对品牌联合体的管理。

在此说明，京津冀种业协同创新共同体建设的理论体系涉及命运共同体、利益共同体、服务综合体、运作组合体、空间复合体、品牌联合体等"六体"

的协同，但受篇幅所限，案例分析部分解读多侧重于前"五体"的分析，品牌联合体未作具体深入展开，但所选取的案例对象均为品牌种业企业和有品牌知名度的院所。

（三）"五大"要素匹配

"五大"要素匹配是指政策、科技、信息、金融、人才等与共同体建设相关的要素。京津冀种业协同创新共同体建设是离不开政策、科技、信息、金融、人才等多种要素的共同作用，需要以科技为引领，以金融和人才为助力，以信息和政策为支撑，建立要素资源优化配置的动态平衡机制。

1. 创新服务——塔台模型 创新驱动和高端服务融合是推动京津冀种业协同创新共同体建设的主线。创新驱动是"塔"，高端服务是"台"，在京津冀种业协同创新共同体建设过程中，创新驱动和高端服务互为伴侣、密不可分。只有内在提升高精尖科技创新硬实力，外在搭建形成服务平台生态，才能实现种业协同创新的政策、科技、信息、金融、人才等要素平衡匹配，螺旋提升，构建"聚宝盆"大幅度提升京津冀种业协同创新共同体的融合价值。京津冀种业协同创新共同体创新服务融合模型见图3-8。

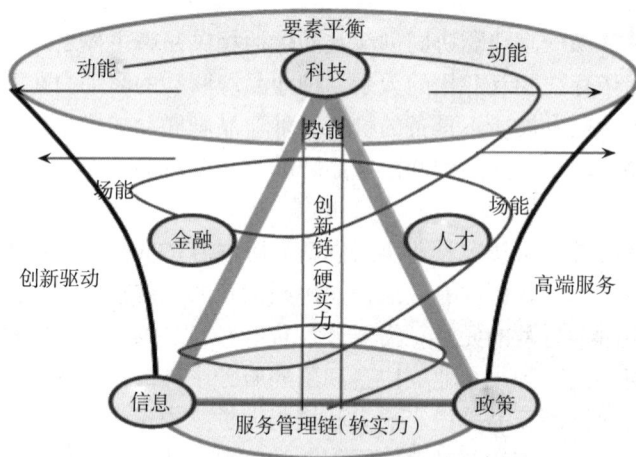

图 3-8 京津冀种业协同创新共同体创新服务融合模型

（1）政策要素是保障 随着北京建设全国科技创新中心的政策落地，北京市相继出台了"十二五""十三五"种业发展规划，京津冀协同创新共同体建设的实施方案、全国科技创新中心建设规划、国家种业改革创新示范区建设方案等。天津、河北等地也推出了支持种业创新发展的相关政策。建设种业协同创新共同体，需要将三地政策进行集成、联动和协同，达到协同支持的效果。

（2）**科技要素是支撑** 尽管北京是全国育种科研院所和企业最为集中的地区，但京津冀地区部分企业和科研院所开展自主创新的研发经费投入偏少。区域试验站、展示示范点、良种繁育基地、种子质检站等站点，配套的基础设施和仪器设备水平参差不齐，抗风险能力存在较大差异，不能满足种子质量检测、品种试验展示和供种保障要求，需要进一步加强科技创新以及种业科技服务的关联配套。

（3）**信息要素是链接** 从协同创新角度来看，京津冀三地需要构建科技创新和服务资源融合、共享的互动平台，推动种业产业链上游、中游和下游的信息畅通，实现种业科教机构、企业和中介机构之间的信息互动，提升信息价值，增强信息联动能力，提升信息服务平台的辐射带动效应。

（4）**金融要素是引动** 依靠国家现代种业基金和京津冀三地相关部门的政策支持，成立京津冀种业协同创新专项基金，用于支持京津冀地区种业的重大创新、协同攻关、高端服务和产业联动。

（5）**人才要素是核心** 种业产业链实质是人才链相互支撑、促进的过程，离不开产业链上游的创新人才、产业链中游的生产人才、产业链下游的服务人才，以及全产业链的管理人才。但是目前，各类人才相对偏少，人才错位、缺位和不均衡的现象较为严重。从省市县多层次覆盖和全产业链增值的角度来看，需要加快培育适应京津冀种业发展的复合型领军人才，提升种业协同创新的可持续发展能力。

2. 多链融合——TV 模型 京津冀三地种业产业链的协同创新发展，需要创新链、产业链、价值链、服务链、物质链、组织链、资金链、信息链等多链的有机融合。京津冀种业协同创新共同体多链融合发展的 TV（其中，T 为 technology，V 为 victory）模型见图 3-9。

（1）**强化创新链** 充分利用北京种业科技创新、创新人才和育种技术等资源，借助全国科技创新中心建设，加快种业科技资源向津、冀地区转移转化，合作发展由育种和研发环节科技驱动的创新链。

（2）**提升产业链** 结合北京农业"两头在内、中间在外"的产业特点，依托天津丰富的科技金融经验和河北地区较为广阔的产业资源，提升发展由制种和种苗环节支撑的产业链。

（3）**创新价值链** 构建种业价值链"微笑曲线"，明确京津冀种业创新共同体在全球价值链、全国价值链和区域价值链的角色和作用，创新构建由推广和销售环节联通的价值链。

（4）**培育服务链** 按照"成本最低、价值最大化"在原则，共享共建共用

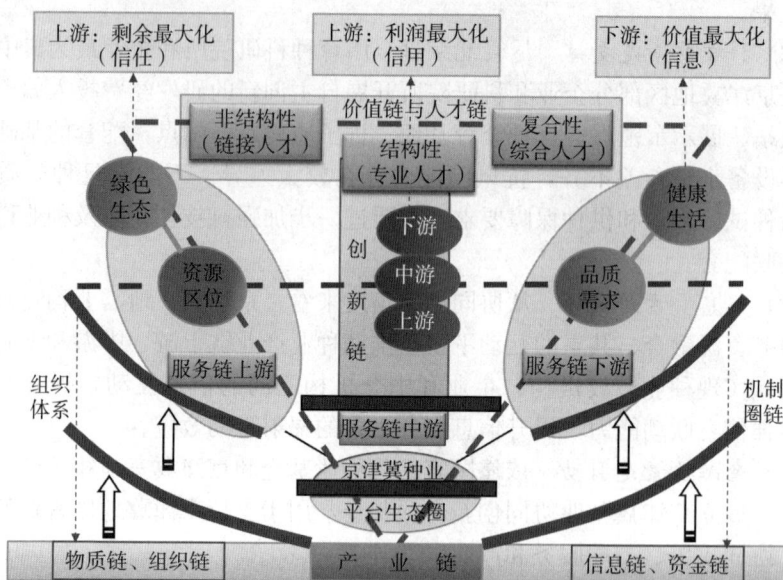

图 3-9　京津冀种业协同创新共同体多链融合发展思路

京津冀地区种业创新资源，培育强化由生态、品牌、文化等要素增值的服务链。

（5）激活人才链　制定种业创新人才激励政策，激活京津冀地区由统领、领军和骨干人才构成的种业创新创业人才体系，打造京津冀种业创新人才链。

（6）完善组织链　按照复杂适应理论和自组织理论，构建京津冀种业协同创新的复杂适应系统，建设完善由人才、资金、物质、信息等要素增值的组织链。

二、建设的路径

以创新驱动、高端服务及两者融合为主线，构建国家、区域和微观三个层次的种业协同创新共同体建设路径。

围绕国家、区域和微观三个层次，提出国家宏观决策、区域联合协商和地方自发合作的京津冀种业协同创新共同体建设路径，提出京津冀种业协同创新共同体建设路径构建与设计的思路框架（图 3-10）。

（一）国家层面宏观决策的顶层设计路径

从国家宏观层面自上而下的角度，以国家现代种业创新示范区为抓手，以北京建设全国科技创新中心为契机，制定保障国家粮食安全、种业安全、生物

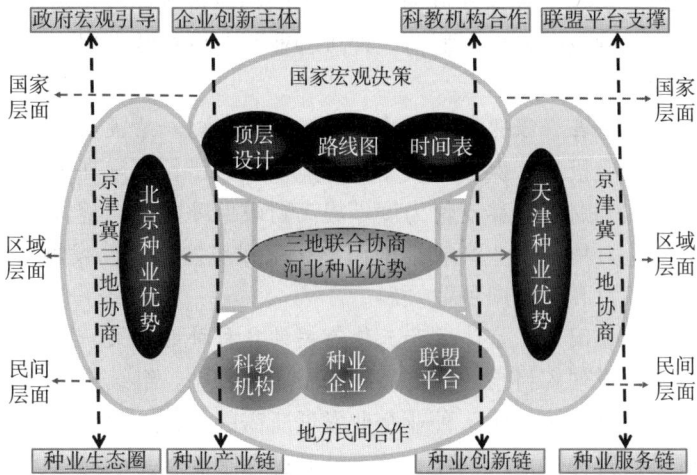

图 3-10　京津冀种业协同创新共同体建设路径构建与设计的思路框架

安全和食品安全的战略性种业政策，并在京津冀先行先试，开展种业协同创新的试验示范，强化国家层面对种业国际竞争力的重视程度。

（二）区域层面三地协商的联合协作路径

中观层面继续发挥北京推动中观层面京津冀三地政府间高效协商，依托农作物、畜禽、水产等重点种业产业链，强化种业创新链，提升种业价值，延伸种业服务链，推动形成京津冀区域层面的种业协同创新生态圈。

（三）微观层面自发合作的协同创新路径

微观层面从自下而上的角度，继续鼓励和强化科教机构、种业企业、种业相关联盟和创新平台在京津冀三地开展的民间合作，进一步在不同种业领域挖掘典型、总结模式、做出示范，逐步在京津冀以外的广大领域乃至全国进行宣传推广。

三、主体的角色

（一）政府的角色定位

1. 角色概述　政府引导支持，鼓励京津冀不同区域发展有特色、地方性的种业企业，开展地方特色品种的保护性开发，加强地方品种的选育和推广，培育京津冀地区知名种业企业品牌和种子品牌，推动建设中小种业企业集群，建设京津冀种业研发网络、基地网络、加工网络、营销网络和市场网络，营造市场导向、政府引导、管理规范和经营有序的种业行业环境，构建具有增值共生机制的京津冀种业行业生态群落，促进种业行业可持续发展。

2. 重点任务

（1）健全、完善、强化和集成京津冀种业协同创新政策　进一步加大京津冀种业资金的集成投入，保证财政支持种业发展的增长幅度高于财政支农收入的增长幅度。加大财政转移支付力度，提高财政保障能力，整合利用和统筹调配农业发展资金，集中农业产业结构调整、京津冀协同创新发展等各项投入，推进农业相关项目和资本向种业倾斜。

（2）落实完善国家、京津冀和三地有关的良种补贴政策　定期发布京津冀良种补贴目录，对列入目录的优良品种给予定额补贴，继续执行和完善种子储备制度。将"育繁推一体化"种业企业发展所需的育种、生产、加工机械纳入京津冀农机具购置补贴范围，建立政策性制种保险制度。

（3）进一步营造京津冀种子市场监管与服务的良好环境　严格种子、种苗、种畜禽生产、经营行政许可管理，依法纠正和查处骗取审批、违法审批等行为。深入开展种子市场专项检查等执法活动，加强市场监管，依法坚决查处违法行为，创造合理有序的市场竞争环境，对新品种权的保护加大行政执法机关的作为及执行力度。不断强化种业市场监管与服务，优化种业发展的政策环境、市场环境和法律环境。

（4）加强京津冀种业协同监督检查能力建设　建立完善市区两级种子质量监督体系，强化执法队伍建设和执法机构条件建设，加强种子监督、管理队伍建设，加大对京津冀联合种业基地和种子购销环节的管理力度，提升种业监督检查能力，创造公平、公正的市场环境和秩序。

（5）健全京津冀种业协同创新发展的社会化服务体系　综合利用金融、科技和信息等现代服务业手段支持京津冀种业发展，推动形成多层次、多环节的种业科技协同创新体系，加快建立健全种业科技人才孵化与技术推广体系。

综上，政府在京津冀种业协同创新共同体建设中具有"环境营造"的功能，政府视角的京津冀种业协同创新共同体建设框架见图 3-11。

（二）企业的角色定位

1. 角色概述　企业主体微观上的体现是产业集群宏观上转型升级的关键。以"育繁推一体化"种业企业培育和壮大为目的，以市场为导向，鼓励京津冀种业发展的优惠政策向"育繁推一体化"企业倾斜，加快科研单位的种业技术成果和种质资源有偿向大企业转移，集聚资源、集中优势、集约发展，鼓励大企业主导建设分子育种平台，进一步强化与科研机构基础性研究的互补和联

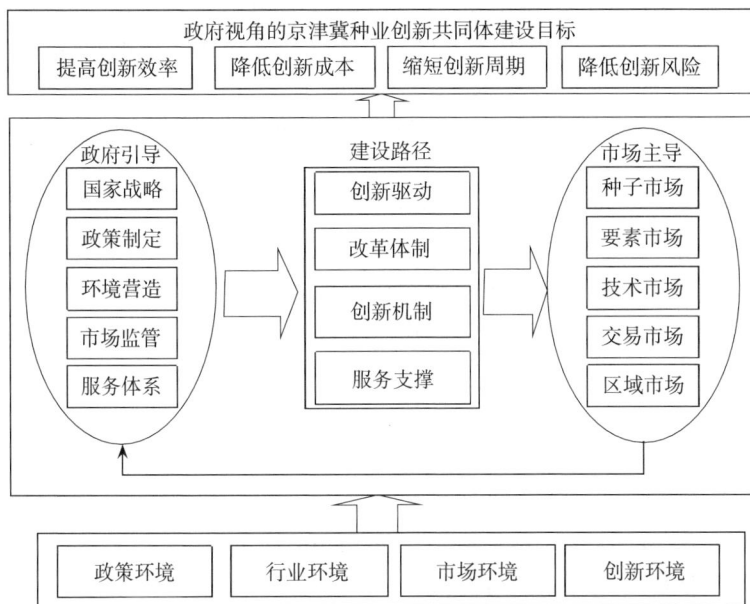

图 3-11 政府视角环境营造型的京津冀种业协同创新共同体建设

系，引领中国种业科技创新、组织创新、管理创新和价值创新，形成一批能够与国外大型种子公司相抗衡的"育繁推一体化"企业集团，提高我国现代种业的显示度和现代化标识。

2. 重点任务

（1）推动种业科企大合作 鼓励、支持科企之间建立基础研究与应用育种、生物技术与常规育种、筛选测试绿色通道与育种研发之间跨公司、跨研究单位的大联合、大协作。鼓励种业创新的各类要素聚集在全产业链上开展大科技、大组织、大联合的协同创新，联合创新企业要构建从种质创新、品种研发、制种加工、推广营销、售后服务一体化的商业化育种体系。对已经建立现代企业制度的"育繁推一体化"种业企业，重点是将国内优势科技资源汇集整合在企业的研发平台与产业链上，促进企业科技平台尽快培育出突破性的品种，并提高持续创新的能力。国家重点给予定向项目经费支持，种业企业集团利用集团资本或社会融资，加大对产学研联合体的持续稳定投入。

（2）建设协同创新大平台 以项目为纽带形成产学研集中攻关的大平台、联合体，并在时机成熟的时候组建股份制、市场化的科技创新型企业。鼓励企业从市场需求出发立题、提出重大生产需求，以商业化、市场化的机制，组成育种重大攻关创新联合体。该联合体可以是独立的公司法人形式，也可以采取模拟法人等其他方式，采用招标等形式吸引全国优势科研单位与优秀人才直接进入该平台进行项目研发。国家对于那些符合国家战略需求的联合创新平台给予必要的支持。

（3）龙头带动协同创新　支持"育繁推一体化"种业龙头企业搭建种业协同创新平台。通过科研能力、组织能力的（现场）评估，筛选出平台条件较好、投入较大、承担项目任务能力较强的"育繁推一体化"种业龙头企业，结合我国"十三五"创新驱动发展的国家战略，从基础设施、种质资源、团队管理、技术成果、商业化育种平台、技术体系等方面，对构建"科学设计、合理分工、标准操作、流水作业"的商业化育种体系的企业予以重点支持，并推动大型种业企业集团通过直接投资、吸引产业基金与社会资本投资、上市融资等方式，建立股份制、商业化的育种技术创新平台，加快形成国家创新体系的有机组成部分，并实现较强的自主创新能力与可持续发展能力。核心龙头企业的自主创新平台与能力建设，将有效推动我国种业加快实现由经验育种向科学育种转变，由课题组式育种向规模化团队育种转变，实现传统种业向现代种业的过渡。

综上，企业在京津冀种业协同创新共同体建设中具有"创新主导"的功能，企业视角京津冀种业协同创新共同体建设的框架见图 3-12。

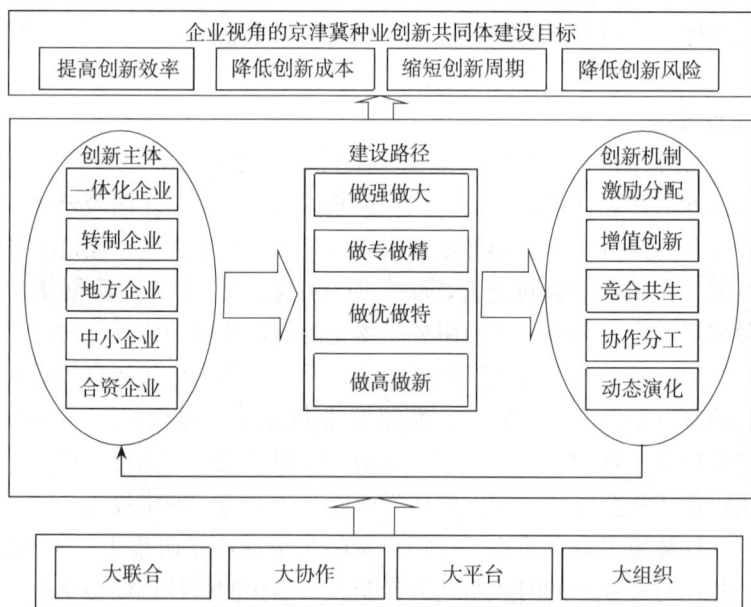

图 3-12　企业视角创新主导型的京津冀种业协同创新共同体建设

（三）科教机构的角色定位

1. 角色概述　京津冀区域内相关的高校和科研院所是京津冀种业协同创新思想、方法和技术的源泉，也是保证京津冀种业协同创新共同体构建及其能否持续发挥作用的关键。科教机构主导型的协同创新角色，主要依托驻京部属的中国农业大学、中国农业科学院，以及京津冀三地市属或省属的北京市农林科学院、天津市农业科学院、河北省农林科学院、北京农学院、北京市农业职业学院、天津农学院、河北农业大学等相关的各大院校和科研院所，聚焦京津冀种业产业发展过程中的关键难点问题，加强种业源头创新及产业链上游种业新品种、新技术、新成果研发，转化推广种业科技的最新成果，推动种业科技成果的转化和产业化。

2. 重点任务　逆向寻求企业产学研合作。鼓励科教机构和企业建立产学研合作机制。科企之间、企业与企业之间，沿产业链、创新链共建种质资源库、基因库、亲本库、试验室和筛选测试网络平台，对此国家应给予支持。

（1）**建立育种创新团队激励机制**　鼓励科技人员和核心攻关团队出资，建立股份、期权等多种方式结合的激励机制。结合国家有关改革政策，鼓励科研团队在科技创新平台中出资持股，或者设立期权制度，从而建立生产力要素投入收益的分等级共享机制，使人力资本的贡献最大化。支持科技创新型企业上市，成为高科技产业化高成长的公众公司。探索围绕国家科技项目，建立规范化的财务制度和管理流程，推动科技创新型企业上市，不断提高其成长能力和盈利能力，为成为高成长的公众公司提供条件。

（2）**加快事企脱钩、兼并重组**　促进科研院所所属企业脱钩，与大企业集团重组、合并。通过政策与项目引导，对在研发主体仍依附于科研院所的种业企业，尽快推进改制，建立符合国情的新型法人治理结构的现代企业制度，并迅速转变成"育繁推一体化"的创新型企业。吸引"育繁推一体化"企业的大资本和高技术，促进自身快速成长，提升产业运营能力。利用科技服务能力强的优势，搭建行业科技成果供给和需求对接的平台，提高参与行业科技服务能力，最大限度提高科学家育种和科技成果转化的动力。

（3）**优化利益分配机制**　进一步明确事企脱钩的标准和原则。充分发挥兼具经营头脑、科研头脑和管理头脑的"育种家"的作用，鼓励该部分育种家群体参与转制型种业企业的经营管理，搭建面向行业科技成果转化的服务平台，扩大种业科技服务能力，实现行业科技服务体系建设和行业企业孵化的目标。完善"事企脱钩"过程中的利益分配机制，按照公平、公开、公正的原则，从属性定位、收支平衡、成果分配、成果转化等方面进一步明确事企脱钩的标准。

综上，科教机构在京津冀种业协同创新共同体建设中具有"支撑保障"的功能，科教视角京津冀种业协同创新共同体建设框架见图3-13。

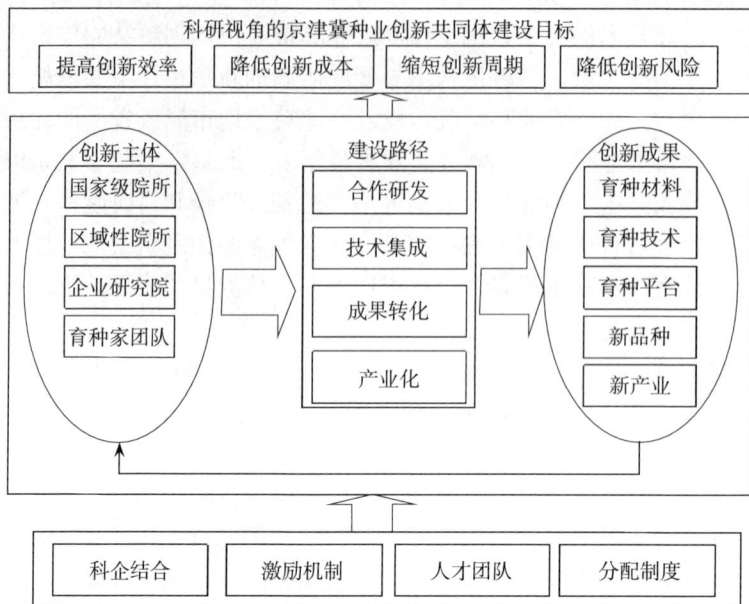

图 3-13 科教视角支撑保障型的京津冀种业协同创新共同体建设

（四）联盟平台的角色定位

1. 角色概述 总结借鉴玉米种业服务联合体"8＋1"模式和水稻育种服务联合体"1＋12"建设的模式，由京津冀三地政府支持，企业主体、各类中介服务机构参与，构建京津冀现代种业创新服务联盟，促进大企业和中小企业的互利合作，推动京津冀联盟企业之间的协同运作，发挥联盟在定价机制、行业自律、知识产权保护、信息服务共享、种业科技成果托管与交易方面的引导调节作用，营造良好的市场环境和种业科技成果交易秩序，提高京津冀现代种业协同创新能力和创新投资运营水平。

2. 重点任务

（1）促进种业科技成果托管与交易平台良性运行 充分利用种业科技成果托管平台、国家种业科技成果交易中心的农作物品种数据云中心、种业科技成果展示推介系统和产权转化交易系统等体系，推动知识产权在线交易、招投标管理和利益相关方共同参与的知识产权池的运营，为种业科技成果产权交易转让和推广运用提供展示推介、价值评估、代理托管、质押融资、信息发布和维权救助等"一站式"全方位服务。

（2）建立第三方种业基础研究公共服务平台　依托第三方中介机构或种业企业入股投资的企业，建立大型公益性基础研究公共服务平台，统一购买大型仪器设备，开展分子遗传、转基因研究等基础研究，为应用研究提供技术支持。研究中心和研究平台由国家和企业共同投资，不需要所有的种子企业都自己搞转基因、分子育种等基础研究。

（3）建立分作物产学研结合攻关重大育种平台　鼓励科研单位和企业以入股、合股等方式，建立基础种子公司、联合体或其他形式的大型平台。联合平台共同承担国家科研项目，成果主要由企业开发。如一个国内龙头种子企业与一个省级研究所共同建立主要农作物育种联合体等。

（4）完善京津冀新型种业科技创新平台体系　以满足重大需求为目标，以项目和任务为纽带，充分发挥国家省级科研平台的作用，建设、完善适宜主要农作物种业的新型科技创新平台。集成利用主要农作物国家重点实验室、生物学实验室、转基因中试基地、国家企业技术中心等平台的综合资源优势，形成分品种的主要农作物种业研发联合体。

综上，联盟平台在京津冀种业协同创新共同体建设中具有"共享"的功能，联盟平台视角京津冀种业协同创新共同体建设框架见图 3-14。

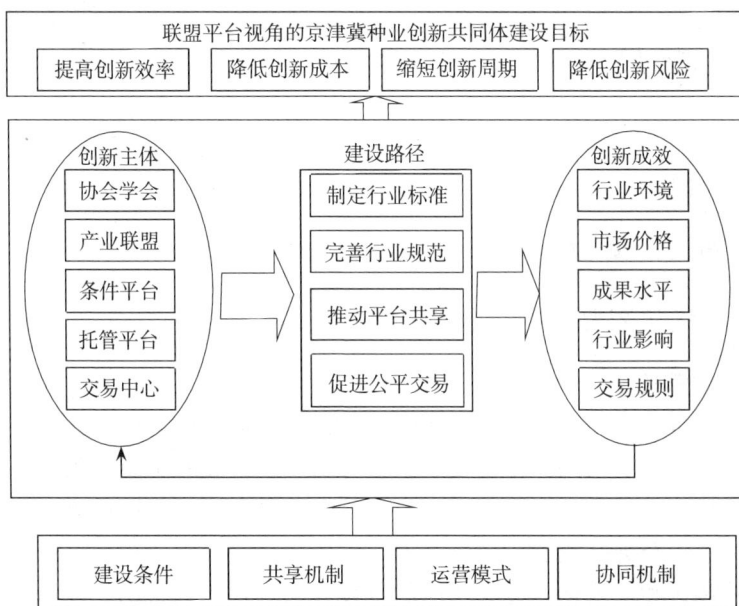

图 3-14　联盟平台视角共享型的京津冀种业协同创新共同体建设

四、创新的机制

以决策、信息、目标和权力机制为核心，建立京津冀种业协同创新共同体的激励分配、增值创新、竞合共生和动态演化机制。

京津冀种业协同创新发展的机制相当于种业创新研究的内部模型，是支配京津冀种业关键问题突破的核心构件。京津冀种业协同创新发展的机制也是在当前京津冀种业过渡期的特殊背景下，不断选择和演化适应的结果。依据复杂适应系统内部模型机制的理论，构建京津冀种业协同创新发展的激励分配、增值创新机制、竞合共生和动态演化机制，为推动形成京津冀种业良性有序的行业生态和竞合环境提供依据。基于复杂适应系统（complex adaptive systems，CAS；约翰·H·霍兰，2000）的京津冀种业协同创新机制及其思路框架见图3-15。

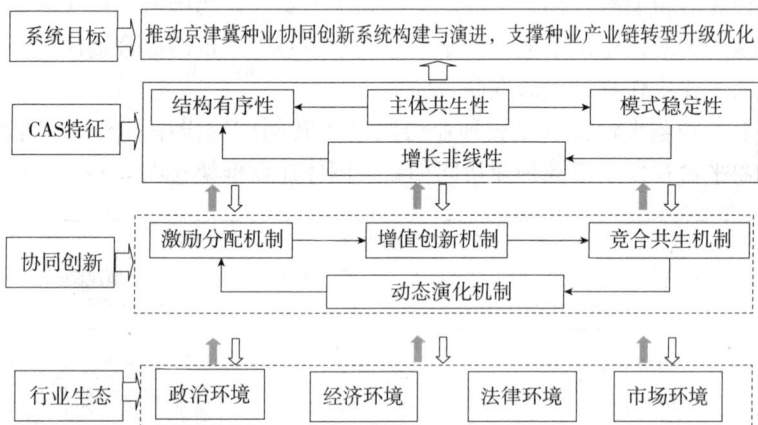

图3-15　基于复杂适应系统的京津冀种业协同创新机制及其思路框架

（一）优化激励分配机制

1. 机制概述　激励分配是京津冀种业相关主体积极参与的初始动力和终极动力，也是新型种业体系建设的突破口，类似于在复杂适应系统过程中，适应性主体的信用分派过程。即主体的参与程度和适应程度越高，被分派的信用越多、得到的好处越多，主体的能动性和积极性就越高，主体在适应性上所做的努力就越多。对于实施"事企分离"的科研单位，只有鼓励其科研成果转让和价值化，建立相应的科技成果转让激励机制，才能促进科技成果有效的托管、交易和产业化，才能让主体更加适应新型种业体系的建设。

2. 机制运行　就京津冀种业协同创新发展而言，国办〔2013〕109 号文提出要调动科研人员积极性，要研究确定种业科研成果机构与科研人员权益比例，根本在于依靠政策环境、行业环境、创新环境和市场环境的良性互促，建立"政产学研用"结合的激励守信、惩戒失信的新机制，激励科研机构的研发资源和要素向企业转移配套；依托市场化运作的基于政府公益目标实现的第三方中介机构项目监管与考评，规范种业科技成果的价值认知、价值评价流程、评价方法、评价标准和评价体系，公平、公正、合理地评估种业科技成果的市场价值，推进京津冀种业价值评估体系建设；以分配激励为核心，强化育种主体参与种业产业链创新的需求和期望，聚焦目标、提升能力，强化动机、加大投入，进而优化行为规划，达到公平与效率的统一；加强利益返还机制设计，做好育种家、科教机构、企业和中介转化主体在种业科技成果利益链的分配约定，使得育种家、科教机构、企业和中介转化主体之间形成"自组织式"的利益关系结构，不断激发种业科研主体的创造力和积极性，促进政产学研用多主体共赢发展，实现科研单位利益合理化，科研主体的价值分配增加，种业产业资源优化配置，以及种业产业资本和智力资本升值。京津冀种业协同创新发展的激励分配机制见图 3-16。

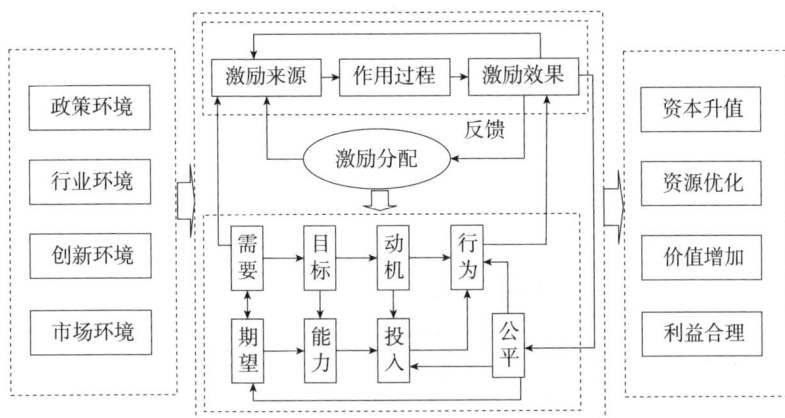

图 3-16　京津冀种业协同创新发展的激励分配机制

（二）共建增值创新机制

1. 机制概述　增值创新机制是京津冀种业发展的一个重要的动力机制，是政府引导作用与市场调节有效结合的重要支点，是引动社会资本投入到种业的孵化器、加速器和放大器。这一动力机制构成了京津冀种业发展宏观环境与微观环境有机结合的交换界面，也是政府与市场共同作用、共生能量交换的界面。这一机制发挥作用的载体主要依托虚实结合的创新服务平台，即种业科技服务、金融服务和信息服务有机结合的平台。依据 CAS 理论的非线性机制，京津冀种业产业链创新系统的杠杆支点是一个创新服务平台，它是一个虚实结合的组织，是将新型种业体系的良种创制、高端研发、成果托管和技术交易等功能有机融合的平台。当政府的政策或项目注入平台的时候，该平台就会发挥出巨大的倍数或乘数效应（图 3-17）。

2. 机制运行　就京津冀种业协同创新发展而言，新型种业创新体系的建设需要对接政府部门、科研单位、种业企业等主体组织，先期利用政府购买服务和引导基金等手段，支持新型种业体系的初步构建，逐步吸引企业投资、社会资金投入，采取定向委托、公开招标等标准化服务方式吸引有实力的研究机构或企业参与研发，并进行种业科技成果的信息开发和有效转化，不断强化开发京津冀种业体系的创新服务功能。通过逐步引入市场化运作的方式，加强种业创新服务平台的市场调节、展示推介、成果托管、转让交易和大规模产业化等功能，促进种业科技成果需求、供给、交易、示范、推广和价值回馈激励等环节之间的良性循环。

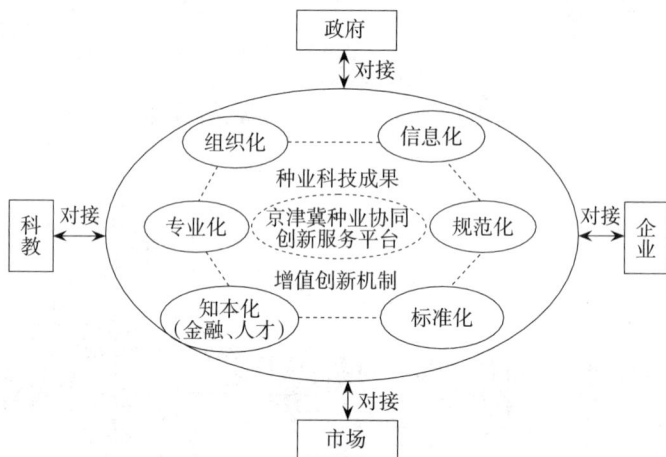

图 3-17　京津冀种业协同创新的增值创新机制

（三）构建竞合共生机制

1. 机制概述　竞合共生机制，也称聚核共生机制。从一般意义上说，共生是指共生单元之间在一定的共生环境中按某种共生模式形成的关系。一般而言，共生的要素包括共生单元、共生模式和共生环境，三者构成了共生的三要素（彭建仿，2007）。共生是指两种不同生物之间所形成的紧密互利关系。复杂适应系统是一个竞争与合作相结合、主体之间具有紧密互利关系的自组织体系，即使在缺乏中央指挥系统的情况下，也会产生紧密互利的行为，并能够促进行业生态的演化和行业环境的优化。这种内在稳定和密切互利的共生机制就是复杂适应系统积木块和内部模型作用的结果。京津冀种业产业链主体包括种业研发、生产、管理和服务环节（或育、繁、推、加、销、管等种业产业链环节）的相关主体，其共生的行为存在着寄生型点状共生、偏利型间歇共生、非对称互惠型连续共生和对称互惠型一体共生关系（冷志明，易夫，2008）。京津冀种业产业链主体基于种业研发、管理和服务体系进行物质与能量的交换，同时开展种业科技成果供求、价格、规模、数量等信息的交流，实现资源的差异组合和优势互补，在提高整个产业链资源配置效率和整体竞争力的同时，促进产业规模扩大、竞争优势提升，这是共生能量作用的体现。

京津冀种业产业链主体间存在多种不同的共生行为，形成多种不同的共生关系，进而形成多种不同的共生模式。在整个种业协同创新系统中，主体为了适应其他主体或系统会发生一系列变化，而其他主体或系统会回应这种变化而发生适应性变化，两者共同变化促进了创新系统的协同演化。一般地，一致性的创新主体进行着合作型协同演化，目标或利益冲突（刘晴，卢凤君，2011）的创新主体进行着竞争型协同演化，最终演化结果是竞合博弈、协同演化（漆贤军，陈明红，2009）。这构成了京津冀种业协同创新发展竞合共生机制设计的基础。

2. 机制运行　就京津冀种业而言，建立共生机制需要健全完善京津冀种业产业链信息开发系统，完善成果登记、项目登记、汇集展示和信息发布功能，采用合理的竞争合作模式和企业化运作机制，不断提高种业科研信息和成果信息等的开放程度，最大限度提高京津冀种业服务体系的利用效率，在一定程度上提供信息交易服务，拓展信息标识（显示）机制的功能，打造京津冀种业信息链。只有信息的标识、聚集才能有利于主体之间的信息交流和共享，才有利于形成竞合的主体关系和共生的行为模式。除此之外，还要依托银行金融机构、种业科技成果第三方中介机构，强化种业产业链主体的信用及无形资产价值，为纳入平台的种业科研单位、种业企业等建立信用档案，建立种业科研管理的信用收集与评价系统，规范化管理种业科技研发项目的立项、审核、管理和运营等环节，依法采集、客观记录其完成种业科研项目的信用信息，同时对外提供信用信息服务，将该信用基础作为种业企业、科教机构和院所开展工作、拓展业务的保障。京津冀种业协同创新发展的竞合共生机制见图3-18。

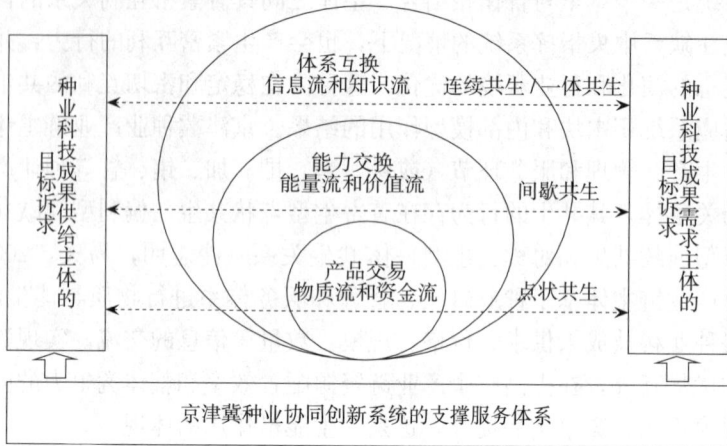

图 3-18　京津冀种业协同创新发展的竞合共生机制

（四）形成动态演化机制

1. 机制概述　刺激反应模型是用来描述不同性能适应性主体的统一方式，它说明了主体在不同时刻对环境的反应能力。这个模型包括三个部分：①过滤适应性主体周边环境消息的探测器；②有 IF/THEN 规则集合构成的执行系统；③用来反应主体接收消息后采取活动的效应器。CAS 理论中刺激反应模型的基本原理是主体通过探测器筛选从环境涌入的信息，探测器筛选出来的信息与执行系统的规则集合进行匹配，发现匹配的规则后激活对应的效应器发生活动，活动的作用通过环境的转化又被探测器进行筛选（陆园园，薛镭，2007）。从微观而言，构成 CAS 理论集合的基本元素是具有适应能力的主动个体，即适应性主体（Adaptive Agent）。主体在与环境的交互作用中遵循"刺激—反应"模型，适应能力则表现在它能够根据行为效果修正作用方式，以便于更好地在客观环境中实现共生。从宏观而言，由此种主体组成的系统将在主体之间，以及主体与环境的相互作用中发展，表现出宏观系统中复杂的演进过程。主体的这种主动性及其与环境反复的相互作用，是系统发展和进化的基本动因（刘荣增，2006）。

2. 机制运行　京津冀种业产业链创新系统是一个由"探测器—执行系统—效应器"构成的典型复杂适应系统，与外界环境交互作用形成持续不断的刺激和反应往复循环。该系统的探测器是京津冀种业系统创新的来源；执行系统则是竞合共生机制、激励分配机制和增值创新机制相互作用形成的京津冀种业协同创新"规则"集合；效应器则是京津冀种业发展的效率提高、水平提升、风险降低和机会增加等创新绩效的集合，也代表着京津冀种业协同创新发展的效果。京津冀种业的反馈调节机制的形成和作用过程是探测器、执行系统和效应器交互作用的过程，也是创新绩效目标不断实现、纠偏、诊断、修正和再完善的过程。当主体、系统和环境之间存在不协调、不一致时，系统按照其宏观系统演化模型——回声模型发生分叉和突变，涌现出新的、原系统不具备的、更高层次的系统特征，改变宏观系统的结构和性能，使得京津冀种业协同创新系统的演化和发展呈现出多样性（漆贤军，陈明红，2009）。结合对京津冀种业产业链协同创新系统复杂适应性的分析，构建京津冀种业产业链协同创新系统的刺激反应模型（陆园园，薛镭，2007）。从微观而言，需要加快培育京津冀种业创新共同体建设所需的行业协会、联盟和平台组织等适应性主体。从宏观而言，需要强化各类主体的主动性以及其与环境反复的相互作用，促进京津冀种业协同创新共同体发展和进化。京津冀种业协同创新发展的动态演化机制见图 3-19。

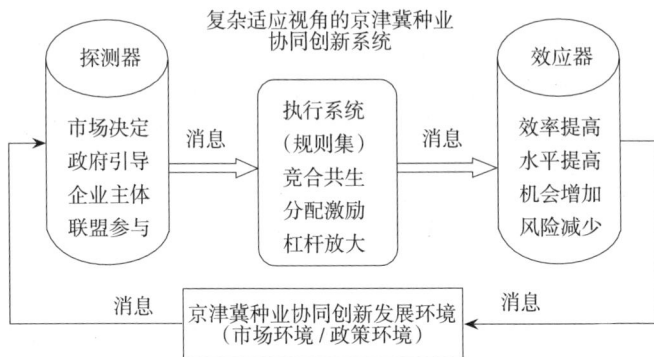

图 3-19　京津冀种业协同创新发展的动态演化机制

第四章 国内外种业协同创新共同体建设的模式借鉴

本章从发展现状及需求、创新体系、组织模式、要素配置、借鉴与启示五个方面，分别对作物种业、蔬菜种业、畜禽种业、水产种业等方面的国内外案例进行了剖析与解读。

一、作物种业协同创新共同体建设的模式借鉴

本部分通过文献查阅、企业访谈、专家研讨、实地考察等方式，对国内外作物种业协同创新共同体建设的典型模式进行了梳理和剖析，主要从创新体系、协同组织、要素配置三个方面总结，为京津冀作物种业协同创新共同体建设的模式提供了参考借鉴依据。

（一）我国作物种业发展现状及需求

我国作物种业品种审定品种多，市场竞争激烈，存在产量过剩、品种推广分散等问题，其本质是结构失衡、品种核心价值不足，许多作物品种依赖进口，但好在自主研发能力持续增强。

1. 国外种业进入威胁市场，国内外合作加强 从我国颁布种子法允许对外开放种业市场开始，国外种子进入我国种业市场，在蔬菜花卉等种业领域迅速占得半壁江山，随后加快了向玉米、水稻等大田作物渗透，扩张速度明显加快。不仅威胁了我国作物种业的品种安全，也在市场竞争如价格、服务模式上发起挑战，例如 2011 年德美亚系列玉米杂交种在黑龙江省最高价格已经达到 100 元/kg。但由于市场已被国外公司垄断，农民只能被迫接受。

2. 自主研发能力增强，优质品种增多，主导地位巩固 自主研发的以京科 968、隆平 206、济麦 22、百农 AK58 等为代表的玉米和小麦品种，其种植面积超过 1 000 万亩。如京科 968，京科 968 逆势增长发展成为推广面积 1 000万亩以上的大品种，2012—2015 年连续 4 年被农业部推荐为玉米主导品种，

成为我国玉米生产上主推大品种，2016 年推广面积突破 3 000 万亩。同时，我国还培育推广了 Y 两优 1 号、登海 605 等亩产潜力过 1 000 千克的水稻和玉米品种，涌现了丰垦 139、德育 919 等一批适合机械化的新品种。我国实现水稻、玉米、大豆、油菜等自主选育品种，转基因抗虫棉品种国产化率达 95% 以上，玉米自主选育品种占 85% 以上。

3. 生产推广环节能力增强，为种业发展提供保障　《2016 年中国种业发展报告》数据显示，杂交玉米制种区域优势明显，重点产区玉米制种面积占比提高，2015 年全国杂交玉米制种面积 342 万亩，甘肃、新疆制种面积合计占全国 73.96%，较 2014 年提高 8.8 个百分点。杂交水稻制种的生产环节也进一步向优势区域集中。杂交水稻制种面积 145 万亩，四川、湖南、江苏、江西、福建和海南六省份制种面积供给 118 万亩，占比 81%，较 2014 年提高 4 个百分点。另外，以机收籽粒玉米为代表的适宜农业发展新形式的品种开始推广，试验示范在东北和黄淮海地区都取得了良好的效果，发展方向显而易见。

4. 国家队现代作物种业发展提出新期望和新要求　2017 年，农业部颁布了《农业部办公厅关于加快推进农垦现代农作物种业发展的指导意见》，对种业提出提升种业科技创新水平、完善市场营销体系、建立健全社会化服务体系、探索推进种粮一体化发展、加强种子生产加工基地建设、做强做大种子企业等要求，在坚持市场导向、企业主体，坚持结构调整、绿色发展，坚持创新驱动、联合攻关，坚持资源整合、"三联" 发展四项基本原则上，要实现 2020 年建立一批人才集聚、设备先进、辐射全国的农垦农作物种业科技创新服务中心，培育一批适宜机械化生产、优质高产多抗广适新品种，打造一批设施完善、设备先进、源头可溯、质量可靠的现代种子生产基地，培养一支政治强、业务精、作风硬的干部职工队伍，创造一批市场信誉度高、影响力大的公用品牌、企业品牌和产品品牌，建设一批区域性、特色化、专业性种业企业和销售收入过 10 亿元的区域种业集团，打造一个销售收入过 50 亿元的民族种业航母。

（二）国内作物种业协同的创新体系

研究发现，国内作物种业协同创新体系主要包括自主创新、集成创新、协同创新、体系创新四种方式，并在品种选育、技术支持、合作模式等方面取得了良好成效。具体创新模式解读详见表 4-1。

表 4-1 国内作物种业协同的创新体系

要项	综 述 内 容
自主创新	**创新概况**：目前我国每年推广使用农作物主要品种约 5 000 个，自主选育品种占主导地位，做到了中国粮主要用中国种。其中，水稻、小麦、大豆、油菜等几乎全部为我国自主选育品种，玉米和蔬菜 85% 以上是自选品种，例如农华 101、登海 605、隆平 206、济麦 22、京科 968 等 **创新方式**：高校、科研单位拥有高水准的研发人才，企业也逐步建立自主研发平台，建立标准化生产基地，培育自主研发能力。许多自主创新组织依托种业领军人才，孵化自主创新团队 **创新成效**：玉米种业在原始创新进展方面，研究发现了玉米丝黑穗病抗病基因、玉米抗旱重要基因和玉米籽粒代谢多样性的遗传基础，研究揭示了一些基因印记产生的表观遗传学基础、玉米部分非生物胁迫激励、控制养分高效吸收利用的重要基因和控制株型的重要基因位点。水稻种业研究发现了水稻氮高效利用分子机制、水稻抗褐飞虱分子机制，揭示了水稻代谢组自然变异的遗传和生化基础等。小麦在原始创新方面发现了耐盐作用机制，在育种理论上也揭示了小麦 mRNA 转录表达规律。棉花方面发现了多倍体棉花的形成机制，构建了棉花高质量基因图谱。油菜方面发现了大量控制重要性状的基因且完成了甘蓝型油菜基因组测序和进化研究。大豆方面构建出了首个野生大豆泛基因组，揭示了大豆细胞质雄性不育机制。马铃薯方面构建了抗性选择体系。目前我国在大田作物种业自主创新方面已实现多项重大突破，自主创新体系逐步完善
集成创新	**创新概况**：在集成创新方面，我国作物种业集中深入研究育种方法、育种材料和性能改良，并实现了多项创新 **创新方式**：采用产学研结合模式，以企业为推广主体，以科研团队为技术支撑主体，加强产业链环节之间的紧密关系，形成集成配套服务 **创新成效**：玉米建立了基于 AMMI 模型的 NCⅡ交配设计，建立了种质资源类群划分的分子工具，改进熟化了双单倍体育种技术，转基因育种材料创制进入生产型安全评价试验阶段；马铃薯方面研究获得了一批重要育种材料，结合抗旱棚内人工灌溉和田间自然降水鉴定等技术手段，创制了抗旱资源 12 份、抗病资源 48 份、抗寒资源 4 份、早熟资源 3 份，创制出马铃薯块茎铁和锌含量宝贵的资源材料。集成创新的不断进步为种子种植、推广等节约了大量成本，也提高了繁种效率和种植收益
协同创新	**创新概况**：自主创新和集成创新是品种层面，而协同创新则更强调多环节的服务 **创新方式**：自我国大力推进科企合作和"育繁推一体化"模式以来，多主体从育种、繁种、推广及环节再服务等方面展开协同创新合作，形成了以市场终端需求为导向的协同创新模式 **创新成效**：企业投入大量资金大力支持自主研发，科研单位人才在政策支持下流向企业为企业研发能力提升助力，种业企业与科研单位合作，既培育科研单位商业化育种又为自身人才储备做孵化，在种业创新链、服务链和人才链上形成了协同创新

（续）

要项	综　述　内　容
体系创新	创新概况：广东省先后出台了《关于加快推进现代农作物种业发展的实施意见》《广东省现代农作物种业发展规划（2012—2020 年）》等系列政策文件，省政府 2013 年起连续 5 年将发展现代种业相关工作列入年度重点工作，大力实施现代种业提升工程，深化种业体制机制改革，扶持壮大种业主体，加强市场监管和体系建设 创新方式：广东省现代农作物种业发展逐渐形成以产业为主导、企业为主体、基地为依托、产学研结合、"育繁推一体化"的现代农作物种业体系，并且积极探索"协会＋种子企业＋推广机构＋农户"的良种示范推广新模式 创新成效：目前广东省 9 家公益性科研院校所办的种子企业"事企脱钩"任务全部完成，依托现代种业提升工程，在优势产区建立新品种孵化转化基地 24 个，加快了良种推广速度，并凭借广东种业博览会平台，引进国外高端品种，促进全省品种结构优化

（三）典型国家作物种业协同的产学研模式

以强化企业商业化育种的创新主体地位为目标，以推动大学和科研院所主导的基础性公益性研究为支撑，典型国家在推动企业与大学、科研院所等公共机构结合，构建种业产学研协同创新模式上呈现出不同特点，表 4-2 分别从合作模式、角色定位和领域分工等方面进行了总结梳理。

表 4-2　典型国家作物种业协同的产学研模式

要项	综　述　内　容
美国	合作模式：通常采取"大学研究—资本市场/开放实验室—企业"的模式；民间技术转移服务组织众多 角色定位：公共机构的公共育种发挥"基础创新者、填空补漏者，服务提供者"角色，重点围绕种质资源收集与创新、基因工程、前沿育种技术等开展基础性、探索性、前瞻性的公益性研究及难以很快产生经济回报的研究项目，私人机构采取委托研发、自主研发或并购中小企业的方式开展商业化育种 领域分工：公共机构主要从事小麦等自花授粉作物在内的 11 种作物育种，私人机构育种重点开展玉米、高粱、向日葵、甜玉米、甜菜和甜瓜、大豆等为杂交作物与转基因作物研发
欧盟	合作模式：通常采取"大学研究—政府产业技术研究机构/技术转移机构/开放实验室—企业"的模式 角色定位：私人育种研发几乎涵盖从基础研究到应用性研究的各个方面，公共研发机构主要发挥拾遗补缺、全面配合的作用，政府和私人企业通过成立基金的形式进行种业联合研究，并形成以公私合作基金研发为主的合作模式，即利马格兰合作模式 领域分工：玉米、小麦等大田作物育种研究更多地体现为企业、大学、研究机构的联合研发，蔬菜、花卉等品种的研发则以企业为主，同时辅以大学、研究机构的支撑

（续）

要项	综 述 内 容
日本	合作模式：通常采取"大学研究—公设试验场/技术转移机构—企业"模式，其中大学直接创办企业成功案例较少 角色定位：公共研究机构重点在基因解析、分子育种技术开发，世界育种材料（遗传资源）的收集、保存与利用，中间母本培育，区域性实用品种培育，人才培养，遗传资源评价、机能分析，育种方法革新等基础性研究。专业种业公司对商业性较强的品种开展种子研究、开发、生产和销售一条龙业务 领域分工：公共研究机构重点围绕大田作物，特别是水稻、小麦、马铃薯等品种开展研究；专业种业公司研究则重点放在花卉、蔬菜、水果等领域；综合性涉农公司重点开展机能性稻米等的研发

（四）国内外作物种业协同的组织模式

国内外典型区域作物种业协同的组织模式建设可以总结为命运共同体、服务综合体、空间复合体和运作组合体，详细解读见表 4-3。

表 4-3　国内外作物种业协同的组织模式

要项	综 述 内 容
命运共同体	发展概况：我国在命运共同体建设上采用"集团对集团"协同创新机制的模式 建设路径：国家玉米产业技术体系与我国部分种业企业签署了玉米育种创新战略合作协议，"集团对集团"的合作模式是以国家玉米产业技术体系的育种岗位专家和育种实力较强的综合试验站为核心，面向国内优势种业企业提供技术服务，旨在通过协同创新机制，整合科技资源，提高商业育种效率和种业创新能力，同时促进国有科研机构的育种创新目标和动力，推动我国玉米育种和种业科技进步，发展现代种业 组织成效：这种模式是因相同的使命和愿景建立的，其目标高远，将玉米育种创新作为一种战略，站在世界价值链分工的角度看我国玉米种业整体的协同创新能力、商业化育种效率和体系化创新能力，由国家玉米产业技术体系牵头，以体系中的育种专家为创新主体，联合我国种业企业，以企业作为成果转化主体，充分发挥技术体系延伸至企业主体的服务能力，形成命运共同体
服务综合体	发展概况：以北京为例，采用产业联盟模式，涉及主体包括科研单位、种业集团和种业企业、政府组织 建设路径："产业联盟的合作模式"是指同类农业企业与相关高校及科研院所联合起来共同组建产业联盟的产学研模式（赵海燕等，2014）。2007 年 2 月由北京大北农科技集团股份有限公司牵头，与中国农业科学院饲料研究所、北京大伟嘉生物技术股份有限公司、北京奥瑞金种业股份有限公司等单位联合成立北京中关村农业生物技术产业联盟。该联盟由北京市政府提供政策支撑，由中国农业科学院等科研院所及高校主攻研发提供技术支撑，由北京金色农华种业科技股份有限公司等种业企业提供市场开发服务

（续）

要项	综 述 内 容
服务综合体	组织成效：这种产学研结合模式，既是服务综合体也是运作组合体，模式中涉及主体包括高校、研究所、种业企业和政府，更强调综合服务能力，由产业联盟提供育种专业服务，科企合作提升集成服务，在政策支持下企业更以其市场优势打造高端服务。这种模式既能有效对接市场，又能提高科研效率。联盟作为企业、高校、院所与企业之间的桥梁，参与政策制定，为联盟发展创造有利的环境和基础保障条件，目前该产业联盟每年都能研发出具有国际先进水平的数千项高科技成果及产品
空间复合体	发展概况：以山东圣丰种业科技有限公司为例，"基础研究＋商业化育种"的模式，涉及主导企业在国内外多地区实现空间复合 建设路径：山东圣丰种业科技有限公司采用"基础研究＋商业化育种"的模式与国内外高校及科研院所合作完成了花生二倍体野生种全基因测序，参与主体包括圣丰种业、广东省农业科学院作物研究所、山东省花生研究所、韩国千年基因公司，以及美国、印度和巴西等地专家。其合作模式为由研究所和专家主导育种测序，圣丰种业提供资金支持并将成果商业化转化，政府在其中大力予以政策支撑（赵海燕等，2014）。这种政产学研结合的模式可以说是空间复合体的一种体系，总部设在嘉祥县的山东圣丰种业科技有限公司在海南建立的60多亩的繁育种中心，在黑龙江五大连池、新疆库勒乐、青岛平度等地成立了分公司，完善了重点区域的育种站布局，主导企业本就在多区域实现了空间上的复合，模式主体包括山东研究所、广东研究所，美国、印度和巴西等地科研团队，最终又在河南郑州宣布完成测序，跨越多空间层次 组织成效：圣丰种业重在为成果商业化提供资金支持，有利于花生生产，服务于消费主体的生活。在生态方面，花生栽种体系作为农业生态体系的一个主要子体系在农业生态体系中施展着生物固氮、修养水源、保持生物多样性、增进良性轮回、调理气体浓度和气候、疏散过剩劳动力等效应
运作组合体	发展概况：采用"公共技术知识研究＋商业开发应用"的模式，以先正达（中国）投资有限公司为例 建设路径："公共技术知识研究＋商业开发应用"模式是指种业企业深入开发高校以及科研院所的公共技术知识研究，从而应用于商业育种的产学研模式，该模式与中国"基础研究＋商业化育种"模式类似（赵海燕等，2014）。先正达公司采取"垂直合作"的方式与全球400多家高校及研究院所建立产学研合作，将合作重点放在公共技术知识领域，由先正达对成果进行开发利用。同时，为了向私营企业提供关于新技术或专门技术的信息，以加强大学及公立科研机构与私营企业的合作，瑞士相继在大学、研究所建立了许多技术转让站，形成了一个网络，共同组成"瑞士技术转让协会"，作为信息平台，促进技术转让，瑞士政府在2005—2007年3年间为该计划提供1 000万瑞士法郎资助。这种模式是典型的运作组合体，先正达企业公司为例，以高校和科研院所为创新主体，由技术转让协会在科研成果和商业化之间搭建桥梁，建立分工协作、优势互补、价值导向的组合团队。先正达公司与市场紧密相连，能够快速响应市场需求，并将其垂直导至研发主体，400所高校和研究所聚集顶尖研发智慧和团队力量，真正实现优势互补，减少不必要的竞争 组织成效：将重点放在共同感兴趣的公共技术知识领域，保证双方都能从中获益而不必担心泄露自己的技术机密，再加上瑞士政府的投资及对技术市场化的协同管理，这种模式包括政府资本、产业资本和社会资本的投入，若能吸引金融资本再投入，则将大大降低运作的成本和风险，增加组合运作收益

（五）国内外作物种业协同的要素匹配

案例分析发现，国内外作物种业协同的要素匹配主要包括信息、人才、科技、金融、政策五种要素模式。具体要素匹配模式解读见表 4-4。

表 4-4　国内外作物种业协同的要素配置

要项	综　述　内　容
信息要素	要素内容：种质资源信息、品种审定信息、种植信息追踪等 　要素利用：线下通过建立种子联盟、服务联盟的方式进行信息等要素的流动与共享，线上组建信息平台，其中包括物联网信息平台，种业电子商务平台等 　配置成效：以北京兴农丰华科技有限公司为例，兴农丰华积累了丰富的农业大数据资源，拥有遍布全国的农情气象分析站点，天空地一体化的种植环境监测网络，以及先进的"农业互联网＋"解决方案。公司现有六大核心业务产品，分别为农场帮 APP、育种云服务平台、制种云平台、农事气象监测、无人机植保和便携式玉米果穗烤种系统，服务范围覆盖种业企业、科研院所、农户等多主体。公司实现了通过数据平台的精准定位和评估提高大田作业效率，通过大田服务管理，传播播种、农药使用和收割知识，提高三环节的一致性，针对不同品种所需的不同种植方案、所需服务和工具进行定制服务，近期还将为天途航空提供"农业植保大数据、市场渠道"等方面的技术对接服务和信息支持。国家层面组成了以国家区试站为主体，区试点为依托，抗性鉴定、品质检测、DNA 指纹检测转基因成分检测为支撑，覆盖全国主要生态类型的国家农作物品种区试网络体系
人才要素	要素内容：高学历科研人才、优秀骨干事业单位种业人才、科研领军人才等 　要素利用：我国人力资源社会保障办公厅、农业部办公厅联合发布《关于鼓励事业单位种业骨干科技人员到种子企业开展技术服务的指导意见》，农业部同相关部门组织企业研发人员出国进修和培训，支持 14 家企业设立院士工作站、博士后流动站。教育部指导 12 所高校自主设置种业学科硕博士点，加快实用型人才培养。美国的"大豆生产系统中的害虫综合管理"项目由美国农业部合作研究、教育、推广局牵头组织，拥有丰富经验的项目成员来自阿肯色大学、普渡大学、密歇根州立大学等著名机构，鼓励成员在各州地进行推广、演讲、访问，人才的共享也是信息的共享 　配置成效：全国已有西北农林科技大学、山东农业大学等 28 所院校开展了种子科学与工程本科专业人才培养，14 所院校具有种子科学硕士、博士人才培养学科点，34 所院校开展种业领域在职专业硕士研究生培养（王建华，2017）。我国种业人才高学历占比连年增加，从 2010 年的 3.29％上升至 2014 年的 4.53％，骨干人才的兼职流动帮助种业企业提升了研发能力，也加强了产业链下游与上中游的联系，促进种子市场化研发。如美国大豆项目的人才流动合作促进了研究数据的及时共享、宣传，提升了品种推广效率，也能避免由一个研究者进行多年重复实验的时滞
科技要素	要素内容：种质资源、专利技术、品种选育、栽培技术等 　要素利用：通过专利申请、科技论文发表、新品种推广、集成服务创新等方式对科技要素进行充分利用

（续）

要项	综 述 内 容
科技要素	配置成效：面对激烈的市场竞争，国内外种业都加大了研发投入，我国农业部同国家发展和改革委员会、财政部、国土资源部和海南省人民政府编制国家南繁科研育种基地（海南）建设规划，创新建设管理机制，将海南 26.8 万亩适宜南繁地划入基本农田永久保护，实行用途管制，建设 5 万亩科研核心区和 5 000 亩生物育种专区。2014 年我国公开申请专利 4 971 件，授权专利 4 624 件，其中国内主体申请 4 613 件，授权 4 382 件。国外主体美国申请量 117 件，日本授权量获最多为 99 件。玉米、水稻、小麦、棉花、油菜、大豆、马铃薯等作物均在原始创新和育种材料创制中获得取得瞩目进展
金融要素	要素内容：政府支持拨款、基金投资、种业保险等 要素利用：作物种业的金融要素除政府投资外，近些年与市场化金融结合频繁，其中包括直接资本投入、大型种业企业兼并重组，基金投资、保监会组织开发制种保险产品并开展试点等 配制成效：中国人民银行出台金融支持种业发展指导意见，同银监会支持中国农业发展银行加大种子企业信贷支持，现代种业基金投资 3.5 亿元支持 10 家企业育种创新和兼并重组，保监会在海南、四川、河南等地开展保险试点，吉林、宁夏、江苏、湖北、江西、四川、福建、广东、浙江、新疆等省（自治区）设立专项资金，财政部还通过农业综合开发安排良种繁育项目 5.3 亿元，将制种大县纳入产粮大县奖励范围，新增奖励资金 2 亿元。我国种业企业 2015 年科研投入达 39.77 亿元，管理体系经费达 33.21 亿元，其中财政支持 29.70 元（《2016 年中国种业发展报告》）。杜邦先锋与陶氏益农、孟山都与拜耳等跨国公司正在进行重组，拜耳以 625 亿美元收购孟山都，中国以 440 亿美元的交易总价并购先正达，成为中国创纪录的海外并购正在寻求世界作物种业的新市场和新的收入增长点
政策要素	要素内容：我国出台了《种业成果权益比例改革试点》《种子法》《国家级水稻玉米品种审定绿色通道试验指南（试行）》《关于鼓励事业单位种业骨干科技人员到种子企业开展技术服务的知道意见》《全国现代农作物种业发展规划（2012—2020 年）》等 要素利用：多种支持性政策的出台为作物种业的发展提供了支撑保障，在政策扶持下，金融、信息、人才、科技等要素流动性增强，要素配置后的利益分配更加明确、公正、公开 配置成效：我国农作物审定品种的种类由过去需要审定的 29 种减少为水稻、小麦、玉米、棉花、大豆 5 种，同时建立非主要农作物品种登记制度，品种申请效率提升，优质种胜出。同时，明确了"育繁推一体化"企业自行开展自有品种区域试验、生产试验的方式方法，以及已通过省级审定的品种申请国家级审定的免试条件。2015 年通过国家审定主要农作物品种 142 个，相比 2014 年增加 2 个，其中水稻 53 个、玉米 55 个、棉花 14 个、大豆 13 个、马铃薯 7 个

（六）京津冀作物种业协同创新的启示

发达国家和相关地区促进种业产学研合作和协同创新的经验表明（刘晴等，2017），构建种业协同创新的产学研合作模式和机制，需要发挥企业作为商业化育种的主体作用，发挥大学和科研单位在基础性公益性研究的支撑作用，以中介机构、技术转移机构等为纽带，将农户、客户、竞争对手有机链接，促进技术环境、市场环境、制度和体制环境、社会和文化环境共同发挥作用，形成政产学研用结合促进种业协同创新的生态系统，也称作种业协同创新共同体（图4-1）。

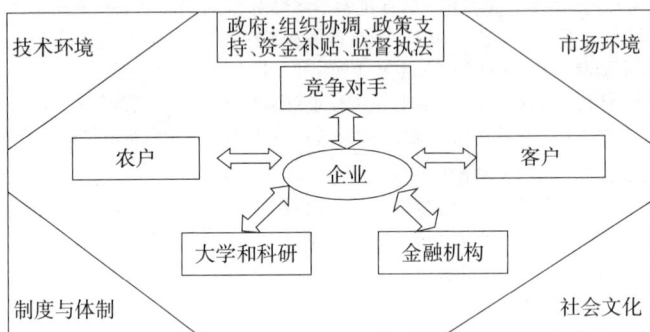

图4-1　种业协同创新的产学研合作生态系统构成要素

发达国家或地区的种业协同创新体系的启示在于：企业/私人育种机构在科研分工偏重于商业化育种；大企业集团和中小种业企业等主体主要围绕杂交或商业化特征明显的品种开展商业化育种，是商业化育种的创新主体；大学或科研机构在围绕自交系或商业化特征不明显的品种开展基础性公益性育种，是基础性公益性育种研究的主体；中介机构、开放实验室或公私合作基金在企业、大学和科研单位之间起到创新成果共享、互补和强化的作用；政府的积极导向、政策支持、项目投入、组织协调和监管执法则是推动产学研结合的种业协同创新、加快种业创新要素转移的重要前提。

二、蔬菜种业协同创新共同体建设的模式借鉴

本部分通过企业调研、专家访谈、文献查阅、资料搜寻等方式，对国内外蔬菜种业协同创新共同体建设的案例进行解读和剖析，主要从创新体系、协同组织、要素配置三个方面总结提炼了目前国内外蔬菜种业协同创新共同体建设的模式，为我国蔬菜种业协同创新共同体的建设提供建议。

（一）我国蔬菜种业发展现状及需求

1. 我国蔬菜种业企业较多，但在国内所占市场份额较低　中国是全球最大的蔬菜生产国和消费国，蔬菜种植面积超过世界蔬菜栽培面积的40%，产量超过50%。蔬菜产业科技进步的贡献率约占50%，其中种业的贡献率约占

40%。据统计，2014 年我国种子企业有 6 500 多家，其中主要以蔬菜种业为主，而美国和印度的种子企业加起来不超过 4 000 家。虽然我国蔬菜种子企业较多，但是目前还没有一家国内种业企业的销售种子在全国市场份额达到5%，缺乏具有竞争力的龙头企业。改革开放以来，面对国际种业巨头的先进育种体系、成熟完善的营销和管理模式带来的冲击与挑战，国内种子企业科技创新能力整体较弱，对菜篮子安全和保障极为不利。所以加快现代商业化育种和市场化建设，推动一批"育繁推一体化"蔬菜骨干种业企业快速做强做大，应上升为国家战略。

2. 我国蔬菜种业体系缺乏有效的科企合作机制　我国种业运行模式上，目前科研院所和大学仍是蔬菜育种的主体，多数民营企业是繁育种子和销售种子的主体，与发达国家相比我国种业体系还存在科研分工不合理的状况，缺乏有效的科企合作机制，种业支撑条件薄弱，服务体系不完善。

3. 未来蔬菜种业的竞争主要是种质资源的竞争，同时，生物技术在蔬菜育种材料创制中将起到更大的作用　对此，我国要进一步加强对国外种质资源的收集、引进，加强种质资源的保护。此外，我国蔬菜生产和消费市场的需求特点决定了我国蔬菜品种选育的特定目标，更加注重丰产性，加强品种的选育，提高品种的广适性和资源利用率。

（二）国内外蔬菜种业协同的创新体系

通过对案例的梳理可以得知，国内外蔬菜种业协同创新体系主要包括自主创新、集成创新、协同创新、体系创新四种创新模式，具体解读见表 4-5。

表 4-5　国内外蔬菜种业协同的创新体系

要项	综　述　内　容
自主创新	创新概况：目前国内蔬菜种子经营实体大致可分为育种型企业、代理型企业和经营型企业。具有国有农业科研院所背景的蔬菜种业企业，国家曾长期给予支持，如天津科润农业科技股份公司，其品种研发依靠天津农科院黄瓜所和蔬菜所；京研益农（北京）种业科技有限公司依靠北京农林科学院蔬菜中心；湖南兴蔬种业有限公司依靠湖南农科院蔬菜所。正是由于农业科研校有国家项目和经费的支持，这类种业公司的新品种研发、科技创新能力相对较强 创新方式：从国内情况来看，蔬菜种业企业的研发主要依靠科研机构，并且受到国家的支持。从国外蔬菜种业目前的发展来看，发达国家的蔬菜种子产业具有产业化程度高、科技含量高、种子商品的国际市场竞争能力高等特征，他们通常都有自己独立的科研机构，并将其销售收入的 10% 左右投资于研究和开发领域，通过科研的高投入，保持其创新能力不断提高，保证自身始终处于科技创新的前沿，保证其在种子知识产权领域中的垄断地位

（续）

要项	综 述 内 容
自主创新	创新成效：北京市农林科学院蔬菜研究中心主导完成了西瓜基因组测序，大白菜、小白菜、西瓜、西葫芦、甜辣椒占优势主导地位；天津科润蔬菜研究所和黄瓜研究所拥有花椰菜青麻叶、类型大白菜、黄瓜杂种优势育种，花椰菜、青麻叶大白菜和黄瓜的相关产业占主导优势（戴祖云等，2015）
协同创新	创新概况：以强化企业商业化育种的创新主体地位为目标，以推动大学和科研院所主导的基础性公益性研究为支撑，典型国家在推动企业与大学、科研院所等公共机构结合，构建种业产学研协同创新模式上呈现出不同特点 创新方式：瑞士蔬菜种业在产学研结合方面通常采取"公共技术知识研究＋商业开发应用"的模式。这种模式是指种业企业深入开发高校以及科研院所的公共技术知识研究，从而应用于商业育种的产学研模式，该模式与中国"基础研究＋商业化育种"模式类似。在这一模式下，先正达公司利用高校和科研院所的科研能力，将理论成果转化为育种能力，为其内部商业化育种提供科技支撑，提高了公司内部商业育种水平（赵海燕等，2014）。荷兰采取委托育种模式，企业委托高校及科研院所育种，荷兰大量的蔬菜种业企业经营规模较小，不具备育种实力，所以将育种委托给高校和科研院所，而企业负责籽种生产和籽种销售。国内种业协同创新的产学研结合模式有合作开发模式，合作开发模式是指企业通过与高校、科研院所合作与开发、联合攻关，充分利用高校、科研机构的人力资源和试验设施，攻克技术难关的产学研模式 创新成效：以四川仲衍种业股份有限公司为例，该公司与成都市农林科学院利用合作开发模式选育并开发油菜籽种蓉油8号。2012年1月双方通过签订战略合作协议，在育种方面保持长期稳定合作。成都市农林科学院成功选育油菜籽种蓉油8号，仲衍种业根据合作协议获得蓉油8号的品种开发权，并将蓉油8号销售利润的10%返给成都市农林科学院作为品种使用权费用。在四川仲衍种业与成都市农林科学院的战略合作中，成都市农林科学院发挥自身的科技优势，而仲衍种业发挥自身的资金和信息优势，投入研究经费，把握种业研究方向，双发的合作开发模式实现了互惠互利（赵海燕等，2014）
集成创新	创新概况：进入21世纪以来，我国蔬菜育种水平显著提升，一批具有自主知识产权的创新型优异资源和优良性状突出的新品种广泛应用 创新方式：由中国农业科学院、北京市农林科学院等主持或参与国际合作，以科研团队为支撑，企业为推广主体 创新成效：在蔬菜育种技术方面，杂种优势育种、制种技术途径及应用基础理论研究取得了突破性进展。在分子育种方面，开始着手于利用资源基因组研究工具大规模挖掘功能基因，黄瓜、大白菜和西瓜等的全基因组测序、重测序，挖掘了大量SNP和有益等位基因，为进一步种质创新奠定了良好基础；分子标记辅助选择技术进入实用化，在细胞育种方面单倍体快速纯化技术的突破大大提高了育种效率
体系创新	创新概况：目前，荷兰大型蔬菜种业集团都实行育、繁、销一体化运营，这些具有强大国际竞争力的种业"巨人"主导着荷兰种子产业，这中间既有老牌种业劲旅，也有随着育种技术新发展诞生的种业新秀；此外，荷兰还拥有大量的专业种子公司，他们根据农业高度专业化发展的需要，专门从事种子繁育、加工、包装或是销售工作。这些种业实体合理分工，密切合作，共同构成了荷兰蔬菜种业现代化运营体系

（续）

要项	综　述　内　容
体系创新	创新方式：以大型种业集团为龙头，富有特色的龙头种业集团占据了荷兰蔬菜种业的大半壁江山，引领其蔬菜种业的走向，在荷兰蔬菜种业市场中发挥着主力军的作用；小型专业种子公司很好地弥补大型种业集团所遗留下的市场空隙。他们各自发挥自身的特长，共同满足荷兰乃至世界蔬菜种子市场快速发展的需要。荷兰大多数种业公司均倾向于打造成育、繁、销一体化的现代种业集团，如瑞克斯旺、安莎和必久等大型种业集团集育、繁、销于一体 创新成效：荷兰的蔬菜种业集团凭借其先进的育种技术、强大的创新能力和雄厚的资本成为荷兰蔬菜种业界的标杆，引领荷兰其他种子公司进军欧盟乃至世界市场

与发达国家的蔬菜种业企业相比，我国蔬菜种业企业在自主创新方面能力有所欠缺，包括新品种研发和科技创新等的能力较弱且依赖研究院所，这也启发京津冀蔬菜种业在自主创新方面加大力度；在协同创新方面，一些发达国家和我国各自独特的产学研创新模式，取得了明显的效果，也为京津冀的协同创新提供良好的借鉴。

（三）国内外蔬菜种业协同的组织模式

对国内外蔬菜种业协同的组织建设分析，主要是从综合服务体、运作组合体、利益共同体、命运共同体、空间复合体五种组织模式考虑。具体组织建设模式解读见表4-6。

表4-6　国内外蔬菜种业协同的组织模式

要项	综　述　内　容
综合服务体	发展概况：目前我国国内蔬菜种业逐渐形成了以国有企业为主、民营企业兴起、销售企业众多的产业格局。以天津市为例，天津市通过不断加大蔬菜新品种的引进、繁育、推广力度，加强种业产业化配套条件和基础设施建设，国有企业和民营科技企业的"育繁推一体化"程度不断提高，天津市蔬菜种业完整的产业链条已形成，且实现了产业链的不断细化和完善 建设路径：蔬菜种业的发展模式是各个环节协同匹配，进而提升全产业链并实现增值。科教机构和企业面向主产区，即面向生产区域育种，蔬菜种业面向全产业链，各个环节也需要加强组织管理，由此衍生面向全产业链的种业服务，为种业、生产甚至全链条服务 组织成效：目前，天津市蔬菜种业已经形成了蔬菜品种选育（种质资源收集、育种基础研究、品种选育、品种试验、区域生产试验、品种登记审定）、繁育生产（种子繁育、种子加工与包衣、种子质量检测）、推广销售（种子包装营销、种子贮藏运输、种子销售与售后）为一体的全程产业链

（续）

要项	综 述 内 容
运作组合体	发展概况：运作组合体就是以企业创新为主体，以科研院所为支撑，以组合运作为手段，建立分工协作、优势互补、价值导向的组合团队。国内山东寿光蔬菜产业集群是一个由龙头企业为主导的协同创新模式，这种创新模式具备以下特征：产业化基础的校企合作、政府与农业企业之间双赢的合作关系、浓厚的创新氛围。现阶段寿光蔬菜产业集群已经发展成为一个成熟的农业产业集群，经过不断的探索已经形成了"农业龙头企业＋基地＋专业合作组织＋农户"的产业组织模式 建设路径：寿光蔬菜集群内部政府和农业企业之间形成了一个成熟的合作网络，政府通过制定人才引进政策、支持科研的财政政策和完善法律法规，促进和保护农业企业的发展。例如：寿光市政府通过蔬菜博览会和农业观光项目打造寿光蔬菜的知名度、通过调整引进政策和支持科技研发的财政资金扶持等手段，吸引区域外人才、知名公司和科研院所进入寿光。此外，政府还通过一系列手段推动寿光农业产业创新，包括制定龙头企业发展战略，通过体制改革和政策扶持培育了一批以国家级龙头企业寿光蔬菜产业集团为代表的重点农业龙头企业；制定科研项目财政扶持和奖励政策，为区域内科研机构和企业自主研发项目提供资金扶持；引导建立金融机构和社会资本介入科技研发的长效机制。企业与高校之间成立技术创新战略联盟。山东寿光蔬菜产业集团成立山东省设施蔬菜产业技术创新战略联盟，吸引国内知名大学和蔬菜企业加入该战略联盟（程战朋，2014） 组织成效：蔬菜种业的发展促进了就业，增加了财政收入和居民收入，提升了设施蔬菜产业技术创新能力、设施蔬菜产业核心竞争力。加速了技术从学校到企业的创新要素的流动，有效提升了集群内部企业的自主研发能力，对寿光地区的农业创新提供了智力和组织保障
命运共同体	发展概况：从命运共同体看，目前我国蔬菜种业发展进入了一个关键时期，面临着与国际种业巨头的竞争和国内种业体制改革的双重挑战 建设路径：在这样的形势下，我国蔬菜种业企业正在不断引进先进技术、优化品种，以提升主体竞争力，进而提升国家产业竞争力为使命目标。同时，在借鉴国外企业先进经验的基础上，与我国国情相结合。国外企业进入我国的同时，带来了新的品种、材料、管理理念和资金等，我国科研院所和民营企业要充分开展合作，做到产学研结合 组织成效：产学研结合使得科研单位发挥自己的资源、科技和人才优势，民营企业发挥自己的机制、营销和推广优势，共同促进民族蔬菜种业的发展
利益共同体	发展概况：以荷兰为例，荷兰的蔬菜生产尤其是保护地蔬菜生产已有近百年的历史，其蔬菜种子公司也有近百年历史，而且规模较大。其中，荷兰国立农业科研单位在蔬菜育种上主要负责种的基础理论、遗传资源方面研究以及培育具有特殊优异遗传特性的自交系或亲本材料，为种子公司提供半成品，新品种的选育主要由种子公司完成 建设路径：荷兰的种子公司在世界各地都有自己的种子生产基地，在世界上最适宜的地方繁殖和试验种子；此外，荷兰的蔬菜种子公司都有自己的育种部门，都具备一批有能力的科学技术人员；同时，荷兰种子公司重视育种的基本设施条件，其试验、制种条件都比较完备和先进。 组织成效：荷兰的种子公司目前已经为世界各大洲的不同国家提供种子，荷兰的一些优良品种在国际上占有很高的地位

（续）

要项	综　述　内　容
空间复合体	发展概况：世界上先进国家的蔬菜品种能够在国际市场上流通，主要是因为这些国家充分利用了全球的自然资源和品种品质资源，伴随着经济全球化的发展，发达国家的蔬菜种子不断向发展中国家流通 建设路径：日美欧等先进国家有实力的种子公司在种子销售目的国均设有育种站和品种试验站，如圣尼斯公司在世界 56 个国家设立了蔬菜种子生产基地，根据市场和生态区域选育蔬菜新品种，然后进行快捷品种试验和展示。展示期间，基本以所在洲为中心，邀请有关国家的生产者和种子企业前去观摩 组织成效：先进国家通过利用全球品种品质资源并实施有效的推广措施，大大加快了这些国家蔬菜新品种的推广速度，蔬菜种子市场不断扩展

在蔬菜种业协同的组织模式建设过程中，我国一些企业已探索出成熟的产业组织模式，但是在命运共同体的建设中，我国面临着种业体制改革的挑战。对于京津冀蔬菜种业协同创新的组织模式的建设，在借鉴国内外成熟模式的同时，要充分考虑当地的实情，促进地方蔬菜种业的发展。

（四）国内外蔬菜种业协同的要素匹配

对国内外蔬菜种业协同的要素匹配分析主要是对信息、人才、科技、金融、政策五种要素分析，具体解读见表 4-7。

表 4-7　国内外蔬菜种业协同的要素配置

要项	综　述　内　容
信息要素	要素内容：种质资源信息、共享平台网站等 要素利用：为更好地促进蔬菜种质资源的利用效率，辽宁省农业科学院蔬菜研究所从蔬菜种质资源基础性工作入手搭建种质资源共享平台，建立完善的蔬菜种质资源信息和实物共享体系，促进资源的利用和交换。同时，建立了蔬菜种质资源共享平台网站，通过网站能够快速翔实地查找资源信息，为蔬菜种质资源的利用、分发共享和服务提供良好的平台 配置成效：更好地促进了蔬菜种质资源的利用效率，进一步推动了辽宁蔬菜种质资源的深入研究和持续发展
人才要素	要素内容：科研机构、科研人员等 要素利用：以山东省华盛农业股份有限公司为例，这是一家是集高端蔬菜种子"育、繁、推"一体的国家备案高新技术企业，公司现有员工 125 人，其中科研人员 46 名，硕、博士研究生 15 名，国外专家 3 名，并从科研院校聘请专家教授 15 名。公司目前建立了博士后科研工作站、山东省综合院士工作站、山东省葫芦科蔬菜生物育种企业重点实验室、山东省蔬菜种子工程技术研究中心、山东省华盛农业科学研究院、山东省蔬菜种业技术创新示范联盟、潍坊市农作物生物育种工程研究中心 7 大科研创新平台，并与山东农业大学共同获山东省教育厅批复组建了"蔬菜优质高效生产协同创新中心"，与青岛农业大学共建了"青岛农业大学华盛农业研究院"和"青岛农业大学专家大院（工作站）"等。通过对人才的吸引、创新平台和工作站的建立、与高校的联合等，对人才加以充分利用并发挥其作用

（续）

要项	综　述　内　容
人才要素	配置成效：公司先后承担了"国家农作物育种创新基地项目""泰山学者种业人才团队支撑计划""2010—2014 年度山东省现代农业生产发展资金项目""山东省科技富民强县专项行动计划项目""山东省良种工程重大课题""山东省科技型种业企业自主创新能力建设资金项目"和"山东省自主创新专项资金项目"等 7 项省级以上农业和科技项目，积累了丰富的项目组织、管理、实施经验，综合实力和科技水平不断提高
科技要素	要素内容：我国蔬菜种业科技研发工作主要集中在农业院校和科研机构，且蔬菜育种的基础研究比较缺乏。西方发达国家蔬菜种业高度发达，参与研发的除了农业院校和科研机构，有实力的种子公司也发挥巨大作用。美国农业部所属的科研所及各大学主要从事理论基础研究，农学院和各个州立实验站则主要从事育种资料方法的研究和应用基础理论的研究，私营种子公司以新品种选育为主，目前美国应用的蔬菜种子大多是私立种子公司培育出来的品种。韩国基础研究和育种方法的研究是由综合大学的农科主持，农村振兴厅下属的园艺实验场主要从事应用基础研究，园艺实验场主要做种质资源的筛选工作，种苗公司做应用研究和育种工作 要素利用：在研发手段上，我国研发工作以传统手段为主大多数工作处于研究发展阶段，与国外发达国家相比还有一定差距。发达国家研究手段先进，技术国际领先，有很明显的科技创新优势，如美国的孟山都生命科学中心，很早完成了番茄、马铃薯等蔬菜品种的基因测序工作，在此基础上，可以根据市场需要，按照育种的目标选择所想要的目的基因进行电脑自动配组（时如愿，2012） 配置成效：美国孟山都通过利用先进技术对蔬菜育种，既简化了育种操作流程，又节约了人力和育种时间
金融要素	要素内容：银行贷款、政府设立良种专项研发基金和风险补偿金、财政拨款等 要素利用：以山东寿光为例，近年来，中国人民银行潍坊市中心支行和泰安市中心支行因地制宜贯彻落实济南分行支持现代农业发展两年攻坚计划，指导辖区人民银行加强与政府部门的沟通和协调，积极建议并推动地方政府出台系列扶持政策，设立蔬菜良种专项研发基金 2.5 亿元，设立 5 000 万元贷款风险补偿金，按新增贷款的 1.5% 给予风险补偿，累计用于扶持蔬菜种业发展的财政资金达 6 500 多万元 配置成效：在财政政策和信贷资金的带动下，寿光市投资 2 亿元组组建了中国（寿光）蔬菜种业科技创新孵化器，统一规划建设"国家现代蔬菜种业创新创业基地研发中心"，6 家国内顶尖科研机构和育种企业投资建设研发中心，自主研发多个蔬菜新品种，为蔬菜产业发展奠定了坚实的基础
政策要素	要素内容：国外对于种业发展的法律和政策保障均较完善，也十分重视。在美国，知识产权保护意识建立较早，1939 年颁布第一部关于种业的综合性法律《联邦种子法》，在此基础上进行多次修订，各州也颁布了系列地方种子法规，对农作物和蔬菜种子的标准、种子包装、进出口等做出明确规定 要素利用：国家通过制定和颁布国家性的政策文件，为蔬菜种业发展提出明确方向并进行规范，为科研单位和企业提供支持，进而发挥和调动科研机构和企业的积极性 配置成效：美国 20 世纪 70 年代以前，种业企业总体以中小企业、家庭公司为主，经营规模小，实力弱。美国品种保护法律法规和执法程序等知识产权保护体系的建立，极大激励了企业对于研发和创新的投资行为（王立浩等，2016）

我国目前在科技和信息要素的利用上相比国外较弱，但是在对政策以及金融的引导和支撑方面越来越重视；此外，国内外对于蔬菜种业的人才利用也十分重视。未来如何更好地利用和吸引更多的高素质人才，如何更好地利用科技和信息要素来促进蔬菜种业的发展，是京津冀蔬菜种业发展需要认真思考的。

三、畜禽种业协同创新共同体建设的模式借鉴

本部分通过企业调研、专家访谈、文献查阅、资料搜寻等方式，对国内外畜禽种业协同创新共同体建设的案例进行解读和剖析，主要从创新体系、协同组织、要素配置三个方面总结提炼了目前国内外畜禽种业协同创新共同体建设的模式。国内外畜禽种业协同创新实践案例的模式，为提出京津冀种业协同创新共同体建设路径与创新机制的理论框架带来了启示，为解决我国畜禽种业发展问题提供了思路。

（一）我国畜禽种业发展现状及需求

我国畜禽养殖对进口品种依赖性极高，约有 80％的种猪、85％的奶牛品种都依赖进口，只有蛋鸡品种是我国不受国外控制的畜禽品种。目前，我国已成为全球最大的种业市场，全球十大种子公司均已进入中国，它们凭借、科技、资本优势，在市场竞争中占据主导（余晓洁，2013）。

1. 畜禽良种选育和繁育风险较大，自主育种动力弱　畜禽良种对畜牧业发展的贡献率超过 40％，畜牧业的核心竞争力很大程度体现在畜禽良种上。我国畜禽产品需求多元化，自主育种的优势是符合本国人民的喜好。然而，一方面畜禽良种繁育周期长、投入高，潜在市场风险较大；如果培育新品种，周期会更长，投入更大；另一方面畜禽育种本身种源容易被复制。因此与引种比，畜禽良种企业育种经济上不划算，加之部分优良品种核心种源长期依赖进口，企业引种动力更强，自主育种动力弱。

2. 种畜禽企业综合实力偏弱，自身选育和繁育能力差　目前，我国各类种畜禽场数量达 13 000 多家、种公畜站达 4 000 家，数量多而规模小、层次低。近年来，虽涌现了一些大型畜禽育种企业，但总体来看，我国大部分种畜禽企业畜舍简陋，设备落后，配套规章制度和档案记录不健全，难以满足高标准的种畜禽生产要求；而且，相当部分的种畜禽场高层次育种技术人才和资金严重不足，良种繁育技术研发能力较弱，只能引种不育种、只繁不育、只引不选。

3. 京津冀三地资源互补且消费市场巨大，产业发展动力强　随着人们收入水平提高，城镇化的推进和人口的增加，动物源性食品的消费需求将继续增

长。尤其是北京和天津作为全国性中心城市，人均收入水平和消费水平更高。按每人平均年消费动物源性食品 160 千克计算，截至 2015 年年末，京津冀三地人口 11 143 万，则动物源性食品需求量达 1 782 万吨，其中分区域需求总量为北京 347 万吨、天津 247 万吨、河北 1 188 万吨。而 2015 年京津冀三地动物源性食品产量为 1 732 万吨，与需求相比，缺口在 50 万吨左右。这为三地畜牧业发展发展提供了源源不断的内在动力。

4. 国家对畜禽种业核心种源自给率提出了创新的战略要求 2016 年农业部发布的《关于促进现代畜禽种业发展的意见》中提出，到 2025 年，主要畜种核心种源自给率要达到 70%，基本建成与现代畜牧业相适应的良种繁育体系。然而，目前我国蛋鸡良种国产化比例达到 50%，黄羽肉鸡完全国产化，大型肉鸭基本国产，但白羽肉鸡种源全部从国外引进，生猪、奶牛和肉牛等引进品种的本土化选育进程虽然在加快，但目前仍然以国外品种为主，如大白、长白、杜洛克等种猪，荷斯坦良种奶牛，爱拔益加，以及科宝肉鸡。因此，加快培育适应市场需求的畜禽新品种和配套体系，形成自主品牌，是国家战略要求。

（二）国内外畜禽种业协同的创新体系

案例分析发现，国内外畜禽种业协同的创新体系主要包括自主创新、集成创新、协同创新、体系创新四种创新模式。具体创新模式解读见表 4-8。

表 4-8　国内外畜禽种业协同的创新体系

要项	综 述 内 容
自主创新	创新概况：目前我国畜禽种质资源中只有蛋鸡具有自主开发的品种，其他畜禽缺乏品种的自主知识产权，主要依赖于引进种质资源后进行研发。目前国内龙头企业研发的自主知识产权蛋种鸡品种已占全国蛋种鸡市场的 50%，良种奶牛冻精、祖代肉种鸡的全国市场占有率分别达到 40%、50%。国际上，以加拿大牛种质资源的持续开发和维护为例，介绍其种业的自主创新 创新方式：以北京国家级生猪核心育种场为主体，开展生猪高产、大体型、节粮等育种方向的选育；开展奶牛种子公牛培育，为全国提供优质种公牛；实施肉鸭北京鸭种质资源保护和开发利用。国内畜禽种业已培育和壮大了一批在国内外具有较大影响力的畜禽种业龙头企业，如北京华都峪口禽业有限责任公司、北京三元集团有限责任公司、中地种业（集团）有限公司、北京顺鑫农科种业科技有限公司、河北大午禽有限公司等。北京鸭、北京油鸡、北京黑猪享誉国内外，北京培育出的"中育""中顺""华都"种猪品牌和"京红""京粉""农大三号"等蛋种鸡配套系也蜚声国内。加拿大自 1955 年开始实施牛奶记录系统，将体型外貌作为奶牛育种的一个重要组成部分。在过去的 50 多年中，随着牛奶记录系统的实施和体型外貌评估的不断完善，加拿大牛群的遗传素质不断提高。据统计，加拿大牛群数量和奶牛数量尽管增加得不多，但其遗传性能和生产性能

（续）

要项	综　述　内　容
自主创新	平均每年分别提高了 1% 和 3%，牛群生产性能平均每年提高 200 千克（许诗凡，赵晓铎，2016）。奶牛育种体系可以分为牛群登记、选种选配、牛奶记录、体型外貌鉴定和公牛培育 5 个部分。2011—2015 加拿大出口遗传物质总额均超过 1 亿加元，进口遗传物质超过 1 000 万加元，为加拿大育种公司、牧场创造了超额利润 创新成效：畜禽种质资源开发、品种自我培育、品种改良，形成了以科教机构、市场企业主体主导的畜禽品种选育、繁育的自我研发和源头创新模式。进口遗传物质中，加拿大主要从美国、欧盟、澳洲等奶牛养殖、育种发达的国家进口，可以看出通过与发达国家的遗传物质的交流能够提高奶牛的遗传水平
集成创新	创新概况：我国多数育种农户是依附于育种组织而开展的，尤其对于我国畜牧业多以小规模散养为主的特点，短期效益最大化是农户参与联合育种的动力，科研单位在育种过程中承担了技术支撑和科研成果转化为生产力的任务 创新方式：科研单位为育种组织提供先进技术的推广和应用，使得育种与生产紧密结合，加大科研成果转化力度，加速良种化进程。例如繁殖育新技术（胚胎移植技术、人工授精技术）的推广，不仅可以扩大优良畜禽的利用率，缓解良种供应不足的困境，还可以抑制种畜禽的市场价格，维护市场秩序。陕西省种业集团有限责任公司奶牛分公司引进国外两种奶牛进行面向市场需求的两种奶牛的良种化，还按照现代化企业管理机制运行，为养殖农户进行技术培训和配套服务，为畜牧业发展做出了贡献，实现农民增收、企业增效。良种的选育与培育对技术的集成与创新要求最为迫切，良种化的过程实际就是技术创新和推广的过程（李育江，张家昱，2004） 创新成效：畜禽品种培育开发至繁育开发、推广养殖的产业化，形成了养殖技术培训、农资配套服务的面向终端养殖户的"育繁推一体化"的集成创新模式
协同创新	创新概况：畜禽种业种质资源的自主创新与面向实践应用的集成创新，所需时间周期较长、所需资金较为庞大、所需的人力资本较为丰富，不是单独一个组织或主体就能够完成的，需要多方资本多方组织主体的参与 创新方式：根据各自的优势，京津冀三地在畜牧业产业链分工上也在协同优化：北京发挥科技、资金和种业优势，北京市大力发展畜禽种业，引领畜禽种业发展和畜牧科技创新；天津市发挥交通运输和加工物流优势，承接畜牧科技成果转化，围绕现代畜牧业布局规划，发展沿海都市型现代畜牧业，提高畜产品加工水平；河北省应依托丰富的劳动力、土地和饲料资源，围绕奶牛、生猪、蛋鸡等三大重点产业，建设优质规模化、标准化畜产品生产基地，来满足京津地区居民日益增长的优质畜产品需求（浦华，2015）。北京奶牛中心种公牛站被国内外专家称这里是"名牛花园"，因为这里汇集了几乎所有世界著名公牛的血统和后代，面向全国提供优质乳用和肉用公牛冷冻精液。该站以种牛繁育为核心，以种公牛培育及遗传评估、种牛质量安全控制、冻精生产技术创新、胚胎工程技术应用等为主线，建立并完善了从种牛培育到遗传物质高效生产、再到技术服务推广于一体的综合配套体系。2015 年销售自产冻精 328.75 万剂，对全国奶牛、肉牛的遗传改良及牛群生产水平的提高起到了重要作用，打造了"中国奶牛育种第一品牌"（刘菲菲，刘孟超，2016） 创新成效：畜禽种业各环节、畜禽种业养殖各环节、畜禽需求各环节，形成了面向畜禽种业链、畜禽养殖链、畜禽需求链的以终端畜禽产品需求为导向的协同创新模式

（续）

要项	综述内容
体系创新	创新概况：畜禽种业需要体系化的系统的创新——利用国内外现有种质资源，结合区域所适宜的品种，联合政府、企业、科教、养殖户的力量进行全链条的种质资源开发 创新方式：荷兰政府、科教、市场优势互补、紧密结合、协同创新，形成了以瓦赫宁根大学及其研究中心为品种研发、技术支撑主体的"政府—科教—市场"的金三角奶牛产业链模式；打造了基于质量的家庭牧场与加工商之间的利益共同体、基于家庭牧场与生态粪便处理系统的生态循环体系、基于家庭牧场与社会化服务体系之间的关联体系、乳品加工企业与全球市场化的关联体系 创新成效：畜禽种业中的各环节、各主体、各要素及与关联链条之间，形成了多链条融合、多主体合作共同重组畜禽种业价值、再造种业环节流程、重构主体角色能力、重配种业资源要素的系统化的体系创新模式

（三）国内外畜禽种业协同的组织模式

通过资料搜寻、案例分析发现，国内外畜禽种业协同的组织建设主要包括服务综合体、运作组合体、利益共同体、命运共同体、空间复合体五种组织模式。具体组织建设模式解读见表4-9。

表4-9　国内外畜禽种业协同的组织模式

要项	综述内容
服务综合体	发展概况：畜禽种业的协同发展需要多元化的服务。畜禽种业与畜禽产业对接时，更是需要各种专业服务所形成的综合服务，需要依赖于各种服务的集成解决方案，才有利于种业的发展 建设路径：美国国家种猪登记协会（National Swine Registry，NSR）主要负责种猪育种，作为协会组织，育种过程中承担主要服务职能，包括系谱登记、生产性能测定、全国范围的种猪遗传性能评估，及参与技术推广等；外围成员提供各种育种服务，提供种猪改良方案、免费育种咨询、鉴定种猪的录像和挂图等。NSR资助进行育种基础信息、共享平台和机制建立全国种猪测定和遗传评估系统，推动了育种的进展（李冉，2014）。同时，NSR通过联合会员中的生产组织和产业化服务形式，形成了关联的服务体系，使得猪育种、种猪生产、商品猪生产、屠宰、加工整个产业链联通，大大提高了美国生猪良种繁育生产商业化程度 组织成效：畜禽种业中的龙头型种业企业，依据自我的技术、资金、品牌等优势，形成了服务于全产业链的综合服务平台，使更多的畜禽种业企业受益，打造了畜禽种业协同的综合服务体组织模式
运作组合体	发展概况：畜禽种业的协同发展，所囊括的环节和主体众多，各环节各主体所掌控的资源要素和劳动能力不同，因此为了更好地促进畜禽种业的协同发展需要形成优势互补的运作组合体，提高种业协同的效率，同时降低种业协同发展的成本和风险 建设路径：国外发达国家畜牧业育种以育种企业为主导，并充分利用了政府或协会组织的统筹协调和服务功能，将育种、种畜生产、商品畜养殖、屠宰加工整个产业链的各

（续）

要项	综 述 内 容
运作组合体	环节关联起来，建立统一的育种信息共享机制，并联合其他协会组织或育种者开展联合育种，增加基础群选育的数量，进而选出优秀种质资源，促进遗传改良的进程；协会组织为其他成员提供性能测定、系谱登记及遗传改良指导等各种服务；而且顺畅的产学研合作机制使高校和科研机构在育种过程中高度参与并提供技术支撑，并使育种工作以市场需求为导向，明确具体育种目标，普及各种育种技术信息，减少畜产品的质量安全隐患，加速优良品种推广应用和提高产品的附加值 组织成效：畜禽种业中的各类主体，依据整体定位下自我的位置、职责、权限、优势等，形成了规避短板、发挥长板、各司其职的互补性供给机制，共同满足高价值的产业需求、市场需求，打造了运作组合体模式
利益共同体	发展概况："利益分配"是任何协同创新共同体不可或缺的一部分。参与畜禽种业协同的各个主体，无论是为了更好地促进种业的长期增值发展，还是为了更好地获得更丰厚的眼前利益回报，都会积极参与协同，彼此之间成为互促互长的利益共同体 建设路径：内蒙古小尾羊牧业科技股份有限公司于2016年4月与澳大利亚HIGHVELD澳洲海威德国际种羊公司签署了"澳洲白"种羊全面合作战略协议。按照协议，双方将合作在达茂旗建立国家级"澳洲白"核心基因育种基地，在澳大利亚建立小尾羊"澳洲白"种羊研究推广中心，使小尾羊成为澳大利亚国家澳洲白绵羊育种协会唯一的中国企业成员单位。该协议通过这次全面战略合作，使双方的技术、资源实现优势互补，培育适应内蒙古大草原的专门化肉羊新品种，有效实现国家种业战略、生态保护和牧民增收。2016年8月，小尾羊与达茂旗农牧业局签署了千枚澳洲白肉羊胚胎移植协议，本次千枚澳洲白肉羊胚胎移植备选受体母羊有1 200只，分别来自达茂旗的4个合作社和1个家庭牧场。产下的胚胎移植羔羊待断乳后，将由小尾羊公司进行回收。本次移植工作由来自澳大利亚的两位资深专家负责，此前已经过胚胎移植的B超检测阶段，接下来将接受胚胎移植手术。通过企业＋政府＋基地＋农户的产业化运行模式，先后与上万户农牧民签订养殖合同，在肉羊养殖基地建设上投资超过1亿元，通过近年来农户滚动繁育，已达到了年出栏羔羊100万只，当地养殖户户均收入8万元以上，户均增收纯利润4万元左右。同时，小尾羊充分利用互联网优势，2013年9月推出"家庭牧场"网上托牧模式，将"羊群赶上网，产品送到家"。2015年1月21日，小尾羊与江南大学联合成立研发中心，全面加强技术创新合作，打造面向华东、辐射全国的小尾羊肉类产品研发基地和深加工基地。从育种、养殖到加工再到销售的产业链让小尾羊实现了产品与市场的无缝对接，从而也为消费者的餐桌提供了优质、健康、安全、绿色的羊肉产品。与产业上游养殖农户、终端消费者、科研机构等关联主体形成了利益共同体，如今已经发展成为了集种羊繁育、肉羊养殖、食品深加工、餐饮服务为一体的综合性企业 组织成效：畜禽种业中的龙头企业，依据其发展需要，形成了以其为核心环节向上、下游环节关联主体延伸的相互支持、相互帮助、共同发展的能力利益机制，打造了基于全链条发展提升的利益共同体模式
命运共同体	发展概况：畜禽种业发展是一项国家战略，我国应当具备自己的畜禽品种知识产权，摆脱对国外的依赖。基于畜禽种业协同创新的长期性和艰巨性，其回报具有不确定性和长周期性，不是追求短期利益者可以突破的，而是需要具有敢于担当的命运共同体 建设路径：山东奥克斯畜牧种业有限公司是一家专业从事荷斯坦牛种质创新、冷冻精液生产、奶牛繁育与疾病防治等技术研究、科技推广与技术服务为一体的高新技术企业。

（续）

要项	综述内容
命运共同体	2010年1月，中国北方荷斯坦牛育种联盟成立以来，多单位协作开展DHI测定、体型评定、种子母牛群组建、后备公牛培育、后裔测定及遗传评估等育种工作。至2017年，山东奥克斯畜牧种业有限公司DHI参测牛场数达257个，参测牛只数176 920头，上报数据253 2971条，平均测定日产奶量由22.78kg提高到27.72kg，体细胞数由56.3万个/mL下降到34.1万个/mL，数据数量和质量名列前茅。培育出全国排名第1的种公牛，单位加入美国荷斯坦协会、美国动物育种者协会、国际动物记录委员会等国际育种组织，在全国同行中率先实现奶牛育种技术的国际化接轨。并获得山东省科技进步一等奖，山东省农林牧渔业丰收一等奖，农业部农牧渔业丰收三等奖，获相关发明专利3项，实用新型专利2项，软件著作权6项，制定地方标准5项，建立了较为完善且有效的种质创新及技术服务体系，显著推动了山东乃至全国奶牛育种工作。2016年，为更好地践行《中国奶牛群体遗传改良计划（2008—2020年）》，共同致力于奶牛核心种质自主创新和培育，与山东省农业科学院奶牛研究中心、东营神州澳亚现代牧场有限公司共同组建国际一流遗传水平的荷斯坦奶牛种子母牛群。2017年，山东奥克斯与东营澳亚现代牧场探索育种合作新模式，建设"奥克斯—澳亚共建奶牛优秀种质创新平台"，共同实施奶牛优秀种质创新平台项目，提升奶牛育种自主创新能力。目前，公司存栏荷斯坦种公牛300余头，主要为美加及欧洲顶级胚胎公牛。每年可生产常规冻精200余万剂，性控冻精10余万剂，已经建成了立足山东、辐射全国的推广与技术服务网络。公司积极带动关联主体，对接国家种业战略，落实国家大政方针，共同提升我国种业研究水平，为畜禽良种产业化起到了关键的引领带动作用，促进了产业升级，取得了显著的经济效益和社会效益 组织成效：畜禽种业中的主体，依据其技术、管理、运营、服务等的能力优势，形成了市场企业、科教机构、政府部门的公益性、公共性、商业性的畜禽种业的投资运营，打造了基于国家种业战略的命运共同体模式
空间复合体	发展概况：在我国，畜禽种业种质资源的创新要素聚集的地域，与种质资源创新成果推广转化和产业化的地域是不一致的。因此，为了提升畜禽种业协同的效率，必须建立紧密协作的空间复合体 建设路径：广东温氏食品集团股份有限公司以养鸡、养猪为核心产业，兼营奶牛养殖以及食品加工、乳制品加工、兽药与疫苗制造、粮食贸易等与畜牧养殖相关的上下游产业，是跨地区发展的大型企业集团。温氏集团实行"公司＋基地＋农户"、"产、供、销"一条龙以及"科、工、贸"一体化的农业产业化经营模式，与全体合作农户形成了利益共同体和命运共同体。公司建立了包括饲料生产、种鸡及种猪繁育、商品肉鸡及肉猪养殖销售、疫病防治和技术研发一体化的配套支撑体系和经营服务模式，将产业链上下游各环节高效衔接，实现综合效益。由公司作为龙头牵头组织，将众多的农户有效组织起来联合生产，形成了农产品的商品化和规模化大生产。公司和农户以利益为纽带联结成为有机的整体，在共同面对市场竞争当中始终处于优势地。经过多年的发展，温氏集团目前已在广东、广西、福建、江苏、浙江、河南、湖南、湖北、四川、重庆等全国22个省（自治区、直辖市）建有110家公司，成为全国规模较大的肉鸡、瘦肉猪生产和供应基地 组织成效：畜禽种业中的主体，形成了基于综合服务体、运作组合体的利益共同体、命运共同体，以一定的空间为物理载体，引动更多的主体参与和建设，打造了服务于生产、生活、生态的具有生态效益、经济效益和社会效益的空间复合体模式

（四）国内外畜禽种业协同的要素匹配

通过文献查阅、案例分析发现，国内外畜禽种业协同的要素匹配主要包括信息、人才、科技、金融、政策五种要素模式。具体要素配置的综述见表 4-10。

表 4-10　国内外畜禽种业协同的要素配置

要项	综　述　内　容
信息要素	要素内容：农业基础信息、畜禽各个品种的产业互联网信息平台及其基于信息的物联平台、智联平台、服务平台 要素利用：北京大伟嘉生物技术股份有限公司于 2014 年 8 月联合农业部信息中心、中国农业大学等单位共同开发的全国蛋鸡产业信息化平台（蛋鸡管家）发布运行，后续推出了嘉农在线蛋鸡产业互联网平台。伟嘉集团将加快现代养殖技术、互联网和物联网的技术应用，将实现优良种群＋精准营养＋标准化养殖＋种养结合生态循环＋健康食品＋金融服务＋产业扶贫＋互联网及数据平台的发展模式，促进畜禽种业链和产业链的高效衔接，提升畜禽品种的产业化水平，专注农牧业科技产品制造及畜禽健康养殖及全服务链经营 配置成效：高效、完备、对称、闭环的信息，使得畜禽种业链和产业链更加衔接、匹配、协同，大大促进价值链的提升。"信息服务"，促进了畜禽种业的现代化、智慧化
人才要素	要素内容：多个科研院所、多个产业环节等多个组织主体形成的大联合中，交叉跨界综合型人才是关键，领域拔尖专业型人才是支撑 要素利用：国际动物种业巨头 Genus 公司率先在剑桥大学建成了全球第一个动物分子育种实验室。其后组建了 Genus 威斯康星研发中心，中心覆盖了数量遗传学、生物信息学、基因组学、生殖/繁殖学等学科领域，拥有研发人员 100 多人，其中博士 50 多位。同时，该中心加强与宾夕法尼亚大学、威斯康星大学、剑桥大学、中国农业大学等全球 50 多所科研院校的合作，如与剑桥大学和爱丁堡大学合作育成了康贝尔系列母猪。不但一直聘请国际著名动物分子遗传学教授 Max Rothschild 博士（美国猪基因组项目负责人）开展系列研究项目，还直接从高校或科研机构引进大量高级人才充实研发和管理队伍（昝林森等，2015） 配置成效：人才是社会经济发展最重要的资源，科学人才的国际开放和流动是赢得生命科学技术竞争的基本保证。畜禽种业综合型和专业型两种高层次人才，从根本上促进种业的协同创新
科技要素	要素内容：先进的装备、设施、仪器等硬件，更重要的是一些种业关联信息软件、数据软件和技术软件，是畜禽种业协同创新的重要科技资源 要素利用：美国的 PIC 种猪育种公司与高校及科研院所开展多种多样的合作形式，其中联合申请及合作研究项目是最主要的形式，充分利用了大学充足的研究资源。目前，全球范围内领先的牛育种公司包括美国环球种畜有限公司、美国 ABS Global 公司、加拿大先马士公司等（昝林森等，2015），这些公司拥有世界先进的硬件和软件设施，具备核心种质优势资源，掌握世界一流的育种技术和相关产品，其子公司及分销商、代理商遍布全球多个国家和地区，在世界畜牧业的进程中发挥重要影响 配置成效：畜禽种业是一个高度依赖科技创新的行业，提高科技创新能力是畜禽种业可持续发展的基石。科技要素促进了种质资源的丰富，使得产业具有品种的控制权、自主权和话语权

（续）

要项	综述内容
金融要素	要素内容：畜禽种业所需周期长、投入大、风险大，所投入的人力资本和物质资本，均需要多层次多元的大资本聚集，金融要素对其发展异常重要，需要社会闲散资本、政府资金扶持、产业基金等的融投资 要素利用：近十年来，全球动物种业市场竞争不断加剧，种业垄断不断加强。发达国家及其跨国种业集团为增强自身竞争实力、抢占动物种业先机，投入巨资开展动物种业科技创新，促进家畜品种的改良。重要动物基因组测序计划及衍生的各种组学计划最先成为投资热点。在基因组选择技术方面，美国农业部投资 1 000 万美元用于全基因组选择技术研发，美国的 PIC 种猪育种公司 2010—2012 年共投资 400 万美元；丹麦的 DANBRED 育种体系，投资 200 多万欧元，至此全基因组选择已成为国际种业集团投资研究开发的焦点。在干细胞技术研究方面，2008 年美国对干细胞研究经费投入高达 9.38 亿美元，干细胞研究的资金支持额将提高至 100 亿美元；而日本共投入 100 亿日元（昝林森等，2015） 配置成效：畜禽种业的协同发展离不开政府公益资金的支持，国家层面的支持，以及产业层面的公共基金的支撑和社会层面的市场化资本的聚集，多层次金融要素有效促进了产业关键基础研究的开展和突破
政策要素	要素内容：畜禽产业协同的政策要素，主要包括宏观层面种业发展规划、计划、战略的提出，以及关联的财政投入、课题设立、服务配套、鼓励主体参与等 要素利用：欧盟、美国和日本等发达国家出台或调整种业相关投入政策，启动相关种业发展计划，加大种业研发投入力度之大、加快项目建设速度。欧盟第六和第七框架计划分别对生命科学、基因组和生物技术研究投入 22.55 亿欧元和 24.55 亿欧元，两个框架均将动物基因组及其相关技术列为 7 个优先研究领域之一。韩国在不断加大中央财政投入的同时，积极鼓励企业投资。1994—2006 年，韩国政府在生物技术行业的平均投资费用几乎和企业自身投资相同。2000—2007 年，政府生物技术领域投资超过 5.2 万亿韩元。2006—2016 年，对生物科技投资总额将达 143 亿美元（昝林森等，2015）。不同于发达国家，我国畜禽种业企业规模普遍较小，科技创新投入较少，主要以国家科技计划投资为主。"十二五"期间，动物育种子领域共投资 11.2 亿元，约每年投资 1.12 亿元 配置成效：动物种业是国家战略性和基础性产业之一，抢得动物种业发展先机就是赢得了未来，也是种业发展获得飞跃的关键。各个国家政府政策的引导和支持的确起到了至关重要的作用

（五）京津冀畜禽种业协同创新的启示

目前多数京津冀畜禽种业协同创新共体组建相对缺少顶层设计，对共同体长远目标、近期目标没有明确设定，对进入共同体的成员没有设定筛选条件，也不进行能力评估，因而各自的责任不清晰。各成员缺乏应有的大格局，只注重权利和资源而缺乏责任心，只追求利益而不讲责任，还未形成明确的目标责任机制。无论是政府主导、协会主导成立的各种协同创新共同体，还是以科研院所、高等院校以及企业为主成立的各种协同创新研究院

（中心、实验室、联盟），很多由于没有具体的责任、目标，没有实质的资产投入，无法形成企业虚拟集团组织，进而无法形成有效的运行组织体系和综合的共享服务机制，不能形成完善的利益创造、实现、分配机制产生实质性的运作效果。另外，由于目前区域内种畜禽企业太多，相互之间处于竞争状态，其共同的利益基础不明显，因而造成目前京津冀企业之间的联合育种少。借鉴国内外畜禽种业协同创新的模式，应注重政策、科技、人才、信息、金融要素的配置，不断促进"四种创新"，打造"六体联动"的高级协同创新组织形态。

1. 加强政府政策等公共服务，建立资源共享平台　科技、人才、金融、信息、政策要素是种业协同创新的关键。人才、科技是形成高精尖的引领，金融、信息要素是基础，政策要素是支撑。有效、及时和低成本的获得要素资源并适时配置，吸引三地相关主体参与共同体建设与运营。为此要搭建要素交易平台，平台是联结多主体参与共同体建设与运营的一个重要载体和纽带；而且参与共同体建设与运营的相关主体分散在三地，不可能长期聚集在一起，要依靠互联网的互联互通，发挥平台要素资源统筹调度、动态配置等中心作用，协调和平衡各相关主体与资源要素配置关系，使各相关主体在参与共同体建设更好地发挥作用。为此必须发挥政府、协会学会的协调、引导、扶持、服务社会的功能。

2. 引入多层次资本，加强对种畜禽企业的资金扶持　首先充分利用现代种业发展基金，重点支持育种基础好、创新能力强、市场占有率高的种畜禽企业；其次，针对重大问题，整合政府资源、产学研资源、社会资源等形成京津冀成果转化基金，基金可以通过股权投资、融资担保、风险补偿等形式扶持与科研院校共建高标准实验室、育种研发中心和良繁基地的企业。最后，共同申请攻关项目的科研经费的调拨使用。

3. 强化协同创新共同体运行机制，明确共同体运行的目标责任　基于当前畜禽种业国内外发展的机遇与挑战，京津冀三地畜禽种业的关联主体，需要通过协同创新形成共同体，提升京津冀畜禽种业企业的创新能力，促进三地畜禽种业发展，形成引领全国畜禽种业影响国际畜禽种业的态势，这是长远的宏观的目标。目前除肉鸭、蛋鸡外，京津冀畜禽种业在生猪、肉鸡、肉牛、奶牛、肉羊等畜类品种的创新成果甚少，然而京津冀地区总人口已超过1亿，京津两地的收入水平和消费水平居全国前列，对肉蛋奶的消费大。因此，根据市场需求选育抗病性强、适应力强、风味好、产量高、饲养成本低的肉蛋奶畜禽新品种，提高良种繁殖和供种能力服务京津冀区域，是畜禽种业创新共同体现阶段的具体目标。

4. 强化共同体的组织体系、共享服务体系以及利益激励机制建设　以企业、科研院所、高等院校等主导成立的各种协同创新共同体，例如实验室、研究中心、联盟等，以及企业之间的联合育种，应采取市场化运行机制，以产权为纽带、以项目为依托，明确目标后，组建有效的组织运营，合理分工，以实现各方优势互补、利益共享、风险共担、共同发展，最终提升运行效率。

四、水产种业协同创新共同体建设的模式借鉴

本章节以京津冀水产种业协同创新共同体的建设为研究对象，围绕着"四个创新、五体建设、五大要素"关键要项，在文献查阅、专家访谈、实际调研、问题深究和案例剖析的基础上，理论结合实践，系统开展共同体建设要项文献综述、概念解读和模式总结及实证分析。

（一）我国水产种业发展现状及需求

我国水产养殖距今已有几千年的历史，但水产种业发展仅50多年，水产种业与养殖业发展呈现出非同步性的阶段特征。我国水产种业发展历程大致分为三个阶段：第一阶段（1957年以前），粗放生产苗种阶段；第二阶段（1958年至20世纪70年代），突破人工繁殖技术阶段；第三阶段（20世纪80年代），培育发展阶段。过去水产养殖的苗种完全依靠捕捞野生鱼苗，不是人工繁育，没有世代延续性，称不上种业。直到20世纪50年代末，家鱼人工繁殖和海带育苗获得成功，我国水产种业才开始起步，开启了渔业生产特别是水产养殖发展的新纪元。我国水产种业能够从无到有、由小变大，得益于科技创新、基础建设和产业开发三重因素的协同作用。

在种业协同创新共同体建设方面，农业部成立了全国水产原种和良种审定委员会，制定并实施国家原良种场建设规划，建立了水产良种工程基本建设专项，加快推进水产良种体系建设。启动了水产良种工程，一是建设水产遗传育种中心，承担养殖种类的遗传改良，选育性状更优的新品种，促进良种化；二是建设原良种场，负责原种和已有品种优良性状的保护，并生产优质亲本供苗种繁殖场作为亲本，防止种质退化；三是建设引种中心，负责引进国外优良养殖种类或国内区域间引种的消化吸收，形成新的养殖产业。我国现已建成17个水产遗传育种中心、65个水产原种场、301个水产良种场、27个引种保种中心，基本形成了以遗传育种中心为龙头、原良种场为基础、苗种繁育场为骨干的水产良种研发与生产体系。

繁殖健康苗种、创制优良种质、实现良种产业化不断提高良种养殖的覆盖率，是未来水产养殖业健康持续发展的大需求和大目标。目前，我国的水产种业还远远落后于种植业和畜牧业，在理念、技术、规划、管理等方面尚存在着

一系列亟待解决的科学和技术问题，需要产学研用各界针对水产种子工程的特殊性，摒弃陈旧理念和方法，建立协同创新联合体（或共同体）实施联合攻关、驱动水产种业朝着工程化、精准化、集约化、数字化和智能化的工业化思路指导下运作，才能获得大发展。另外，商业化育种是现代种业的发展趋势，目前我国水产商业化育种体系建设处于起步阶段，水产种业商业化育种机制尚未健全，供种规模和质量不能完全满足养殖需求，科研育种与生产及市场相结合的协同创新还有很大提升空间。

（二）国内外水产种业协同的创新体系

水产种业创新，主要来自"自主创新、集成创新、协同创新、体系创新"四个方面。一些现代渔业发达的国家和地区，基本上形成了适合其国情和区情的"自主创新、集成创新、协同创新、体系创新"相结合的创新体系。国内外水产种业的创新体系综述见表4-11。

表4-11　国内外水产种业协同的创新体系

要项	综 述 内 容
自主创新	创新概况：20世纪80年代末90年代初由于我国水产养殖品种退化而引起的养殖病害频发等问题凸显，迫切需求研发水产新品种。1991国家成立了全国水产原种和良种审定委员会，对水产新品种的审定也正式提上日程。20世纪90年代，共育成兴国红鲤、荷包红鲤、彭泽鲫等多个水产新品种。从此，我国水产新品种研发工作拉开帷幕，加快推动了我国水产种业的自主创新 创新方式："选择育种技术、杂交育种技术、细胞工程育种技术和分子育种技术"等研发创新 创新成效：截至2015年，农业部公告的水产新品种有156个，除了30个引进外，自主培育的水产新品种有126个，其中选育种76个，占49%；杂交种45个，占29%；其他类5个占3%。除了草鱼以外，重要的养殖种类基本实现新品种的突破。鱼类87个，占56%；虾类14个，占9%；蟹类5个，占3%；贝类21个，占13.5%；藻类21个，占13.5%；其他种类8个，占5%
集成创新	创新概况：2000年，我国引进并建立了多性状复合技术，该技术大规模建立家系，对家系和个体标记识别，利用个体本身、同胞、祖先和后代等系谱和测定信息，通过约束极大似然法和最佳线性无偏预测法进行遗传评定，依据综合选择指数选择留种亲本，在家系和个体水平上严格选种和配种，解决近亲交配及由此导致的种质退化问题，推进了我国水产种业的集成创新 创新方式："选择育种技术、杂交育种技术、细胞工程育种技术和分子育种技术"等集成应用 创新成效：通过繁育技术的集成创新，我国系列品种不断推出，如吉富罗非鱼—新吉富罗非鱼—吉丽罗非鱼，建鲤—津新鲤—津新鲤2号，"中科红"海湾扇贝—"中科2号"海湾扇贝等

（续）

要项	综 述 内 容
协同创新	创新概况：为解决水产种业重大科技创新、关键技术突破和瓶颈问题，对创新涉及的相关企业、政府、大学、研究机构、中介机构和用户等而开展大跨度整合，形成目标一致的联合体 创新方式：澳大利亚联邦科学与工业研究组织（CSIRO）"利用选择育种技术结合分子标记辅助系谱识别，连续多世代改良斑节对虾，繁殖率和生长速度"政府与市场多主体协同创新模式 创新成效：有效地促进企业大学研究机构发挥各自的能力优势整合互补性资源，实现各方的优势互补，加速技术推广应用和产业化，提高了协作开展技术创新和科技成果产业化活动的效率
体系创新	创新概况：美国、挪威、澳大利亚等水产种业发达的国家，以突破水产种业发展的重大科学技术，解决水产种业基础性、关键性技术等为核心，将技术创新、管理创新、服务创新（包括科技、信息、金融、人才和政策服务）深度融合在一起，有力地推动了水产种业的体系化创新 创新方式：美国从20世纪90年代开始，针对凡纳滨对虾的生长性能和桃拉综合征病毒抗性开展选择育种，经连续4代选择后，凡纳滨对虾抗桃拉综合征病毒的存活率高达92%～100% 创新成效：通过体系化创新，美国凡纳滨对虾形成了种业创新链与产业价值链的深度融合对接，并衍生了配套的高端要素服务业态，促进凡纳滨对虾整个产业的协同发展，形成了较大的产业影响力

京津冀水产种业的创新还比较落后，与美国和挪威等一些水产种业发达的国家和地区相比，还有一定的差距。在建设现代水产种业，迈向世界水产种业提高竞争力的道路上，必须吸收国内外一切先进创新理念、创新技术和创新经验，以及借鉴其他领域先进的创新理念和发展模式，提高京津冀水产种业自主创新、集成创新、协同创新、体系化创新等能力和水平。

（三）国内外水产种业协同的组织模式

水产种业协同创新共同体是促进协同创新高级组织形态，主要包括命运共同体、利益共同体、服务综合体、运作组合体、空间复合体。目前，国内外专门对水产种业协同创新共同体的研究比较少，只能对应前文对"五体"的描述，查阅一些相类似的案例进行梳理综述（表4-12）。

表 4-12　国内外水产种业协同的组织模式

要项	综　述　内　容
服务综合体	发展概况：1990 年全国水产技术推广总站成立,设置了体系建设与推广处、合作交流处、培训处、苗种处等部门,经过多年的建设发展,为全国水产科技的发展做出了巨大的贡献 建设路径：指导全国水产技术推广体系与队伍建设；组织实施有关国家重点科技成果和先进技术的示范推广；国外关键技术的引进、试验、示范；水产原良种和苗种管理的相关技术工作等 组织成效：推动我国水产种业及水产养殖业新品种、新技术、新主体、新产业、新业态的创新与发展,以及渔业发展的质量变革、效率变革、动力变革,为我国建设现代化渔业强国提供有力的技术和科学支撑。同时,加强渔业技术国际合作与交流,提升行业创新服务能力水平
运作组合体	发展概况：1991 年以来,农业部成立了全国水产原种和良种审定委员会,制定并实施国家原良种场建设规划,建立水产良种工程基本建设专项,加快推进了我国水产良种体系建设 建设路径：以遗传育种中心为龙头、原良种场为基础、苗种繁育场为骨干的良种研发生产体系 组织成效：加快推进了我国水产种业“育繁推一体化”,良种苗规模化生产、推广应用和产业化
利益共同体	发展概况：美国、英国、日本、澳大利亚等纷纷明确了适应本国特点的水产经济重点发展方向,建立水产种业利益共同体,在水产遗传育种研究相关领域取得了技术突破,并形成了产业优势 建设路径：建立水产种业种苗商业化育种体系和机制,以及产学研合作机制与利益分配机制 组织成效：通过共同体建设,有效汇聚创新资源和要素,突破创新主体之间的壁垒,充分释放彼此间“人才、资本、信息、技术、政策”等创新要素的活力,实现创新主体之间的深度合作
命运共同体	发展概况：水产种业“育繁推一体化”模式是典型的命运共同体,以水产种业为核心进行全产业链经营。挪威、美国等国外的大型水产种业企业通过政策扶持、增加投入、兼并重组等方式不断扩大规模和实力,实现了对大西洋鲑、凡纳滨对虾的种质库和苗种供应的垄断控制 建设路径：水产种业种业企业或科研单位对自主培育的水产新品种,依靠自身的人力、财力和物等条件,组织种苗繁育、养殖、加工、物流和销售全链运营,独立承担风险,独立享有利润 组织成效：通过以水产种业命运共同体的建设,实现了以水产种业为核心的全产业链经营,产学研一体化,育种效率效果好,能够控制苗种生产,这种一体化模式是现代种业发展的趋势
空间复合体	发展概况：空间复合体是集“水产良种培育、良种苗繁育、鱼苗生产”等环节在一个区域或空间里复核。目前,我国水产种业科研院所、育种企业等主体,大多数是以这种方式存在和发展 建设路径：通过空间复合体建设,使遗传育种中心、原良种场、苗种繁育场在一个空间上叠加

（续）

要项	综 述 内 容
空间复合体	组织成效：有利于连续育种、连续选育的育种，以防种质退化；以及严密的水产良种培育、种苗繁育和种鱼苗生产技术体系建立，实现装备工程化、技术精准化、生产规模化和管理智能化

　　"育繁推一体化"和商业化育种是现代水产种业的发展趋势，在不同的条件下存在着"服务综合体、运作组合体、利益共同体、命运共同体、空间共同体"等多种协同创新的组织方式。从国外成熟的商业化育种实践看：一是以市场需求为导向，育种的目标除高产、稳产、优质外，还必须包括广适、抗逆、易制种；二是育种资源和信息共享，将产业链各环节的人员串联起来，利益一致，分工明确，各司其职，实现标准化和规范化的流程操作，大幅提升资源利用率和育种效率；三是科研与产业紧密结合，"育繁推一体化"，新品种育成后能够马上推广应用，提高成果的转化率和经济效益。目前，京津冀水产种业企业的规模和实力偏小，短期内难以真正成为种业创新主体的现状，可根据不同养殖品种的具体情况，采取多元化的产学研合作模式，建立协同创新共同体，加快实现水产良种的培育、扩繁及产业化推广应用。

（四）国内外水产种业协同的要素匹配

　　"要素"主要是指信息、人才、科技、金融、政策五大要素。"匹配"是指在水产种业协同创新过程中，按照创新各环节对要素配置的需求，以及要素在价值形成过程所做的贡献大小进行精准配置，使各要素在都能够有效或高效发挥作用，减少要素浪费（表4-13）。

表4-13　国内外水产种业协同的要素配置

要项	综 述 内 容
信息要素	要素内容：信息要素由三大要素构成。包括信源（相关信息的发生源）、载体（传递信息的中间物质）、信宿（就是信息的归宿之意，信宿与信源相对而言，信源发出的信息，必须被接受体理解，才能成为信息，接收体的理解称为信宿）。水产种业协同创新在于有效的信息传导 要素利用：信息的三个要素构成信息作用的全过程，缺少任何一个要素，信息过程就不能进行，因而也就不能形成信息。在水产种业协同创新过程中，"协同"的关键在于有效的信息过程 配置成效：以信息化为引领和支撑，运用信息化的思维理念和技术手段，并通过信息要素的优化配置，能够促进水产种业、渔业生产、经营、管理和服务方式等创新，促进渔业转型升级

（续）

要项	综 述 内 容
人才要素	要素内容：在水产种业协同创新过程中，是指水产良种遗传育种、原良种育繁、苗种繁育"育繁推一体化"等领域的领军人才、核心人才和骨干人才，以及协同创新管理人才、运作和服务人才等 要素利用：目前，我国在水产种业的各类创新人才大多都集中在大学科研院所发挥作用，种业企业由于工作环境、福利待遇和创新氛围等相对大学科研机构的条件较差，对人才的吸引力不足 配置成效：水产种业人才大多都集中在大学科院院所，导致我国水产种业研发主体主要以科研院所与大专院校为主，水产种业企业研发人才短缺，创新能力弱和科技水平低，没有竞争力
科技要素	要素内容：科技要素是指在水产种业协同创新过程中，技术总水平及变化趋势、技术突破、技术变迁对种业协同创新过程中的影响，以及技术对种业、渔业发展环境间的相互作用的表现等 要素利用：主要表现在水产种业协同创新过程中，在基础性技术和应用性技术等应用领域 配置成效：国内外一些发达的国家和地区对科技要素划分很清晰，科学层面上包括"优良品种选育与繁育、遗传性能评价、种质资源保护"等基础研究；技术层面上包括"人工繁育技术、饲养管理技术、饲料配方技术、水循环控制技术、种苗运输技术"等，提高了科技要素的配置
金额要素	要素内容：在水产种业自主创新、集成创新、协同创新和体系创新，以及良种繁育、"育繁推用一体化"等创新过程中，获得政府财政、产业基金、银行贷款、上市融资和保险补偿等支持方面 要素利用：目前，我国大多水产种业科研机构、水产种业企业等创新主体，对政策支持资金、政府项目资金和国家科研资金等利用得较多；对银行贷款、产业基金、上市融资等利用得较少 配置成效：从全国水产种业发展的历史和目前看，主要是各级政府财政支持的力度较大，包括科技项目资金、有关水产种业发展方面重点项目等。从银行支持的角度来看，水产种业创新主体资产大多都不清晰，所以难以获得银行贷款，目前仍然没有一家有关水产种业的产业基金
政策要素	要素内容：政策要素是指国家及各级政府出台的对水产种业及现代渔业发展的"政策法规、指导意见、发展规划、政策性项目"等，通过各项积极推动水产种业及现代渔业健康可持续发展 要素利用：近年来，各级政府在推动休闲渔业发展促进一、二、三产业融合发展等方面，都有一些新的政策举措。《农业部关于促进休闲渔业持续健康发展的意见》提出"将休闲娱乐、观赏旅游、生态建设、文化传承、科学普及以及餐饮美食等与渔业有机结合，实现一、二、三产业融合" 配置成效：近年来，在国家提出"做大做强现代种业"的宏观背景下，农业部召开全国水产种业建设和苗种生产监管工作会议，提出树立现代种业理念，突出科技创新，突出良种生产，突出产业化、商业化发展，官产学研协同推进水产种业发展。山东、广东、湖南、湖北、浙江、沿海省市等地都纷纷因地制宜加紧谋划水产种业，发展现代水产种业的大环境已经形成

较之水产种业及渔业发展先进的国家和地区,京津冀水产种业发展在各类要素配置还有一些差距,难以实现高度可控的良种扩繁和商业生产。需要加大科技投入,积极争取国家财政对渔业科技的稳定支持,鼓励和引导种业企业增加研发投入,创建科技创新型企业,逐步形成多元化、多渠道的科技投入格局。优化资源配置,建立以政府为主导、产学研结合、贯穿全产业链的现代渔业科技创新体系,统筹推进基础研究、关键技术研发、产品创制与示范应用的有机衔接。以科技创新链条为主线,聚集优势科研院所、大专院校、企业人才,组建联合攻关团队,开展"产学研用"协同攻关,推进京津冀水产种业协同创新大联合和大协作。

五、主要启示

京津冀种业协同创新共同体建设过程中,应当以创新驱动为"天",以高端服务为"地";以利益共同体为核心,以命运共同体为引领,以空间复合体为支撑,以服务综合体和运作组合体为"两翼";协同推动金融要素为核心的政策要素、科技要素、信息要素、人才要素的匹配均衡。京津冀种业协同创新共同体建设的主要启示见图4-2。

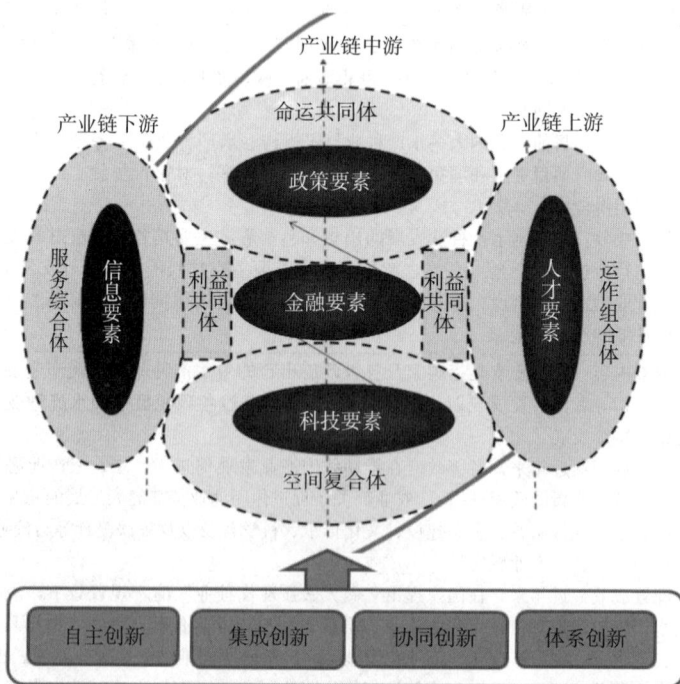

图4-2 京津冀种业协同创新共同体建设的主要启示

第三部分

实　践　篇

第五章 京津冀玉米种业共同体建设的战略思考

围绕北京市农林科学院玉米研究中心京科968"6+1"联合体建设和京津冀联合审定品种NK725的推出，结合专家深度座谈和企业实地调研，围绕玉米种业发展的区域特点和市场特点，进行京津冀玉米种业共同体建设的系统案例剖析。

玉米是京津冀的主要农作物，常年种植面积5 000万亩以上，占全国玉米总面积的10%，在京津冀农业中占主导地位，对保障国家粮食安全以及我国玉米产业的发展起重要作用。京津冀玉米种业协同创新共同体的建设是在面临国际竞争和产业升级调整的共同机遇和挑战背景下，以命运为必要目标，以利益为需要目标，以生活、生产和生态位三生空间优势为基础，以多主体组合运作为手段，通过创新驱动和高端服务的融合，推动京津冀玉米种业服务生活、节本高效生产及对三地生态优势的充分利用，促进玉米种业链、产业链、服务链和价值链的提质增效，进而带动京津冀玉米种业健康发展，提升我国玉米种业国际竞争力。

建设共同体旨在通过软实力与硬实力的结合，利用服务扩大场能，减少势能和动能在提高过程中可能存在的损耗。科技创新是硬实力，一直在进步，与国际差距越来越小，势能和动能越来越高。科层制的创新模式，在科技"势能"提高的同时并不能促进组织内"场能"和"动能"的增加，即无法引动多主体参与，使动能大量损失。因此，共同体建设的目的是通过四体建设，通过高端服务的软实力与科技硬实力的结合，使科技势能螺旋上升，通过扩大场能来减少动能损失，将科层制创新变成聚宝盆式，大幅度提升价值。京津冀玉米种业协同创新模型见图5-1。

一、京津冀玉米种业协同创新的实践

三地自京津冀协同发展战略实施以来积极合作，目前就协同创新、联合推广和共同执法等方面取得了显著成效。在京津冀玉米种业协同创新方面，以北

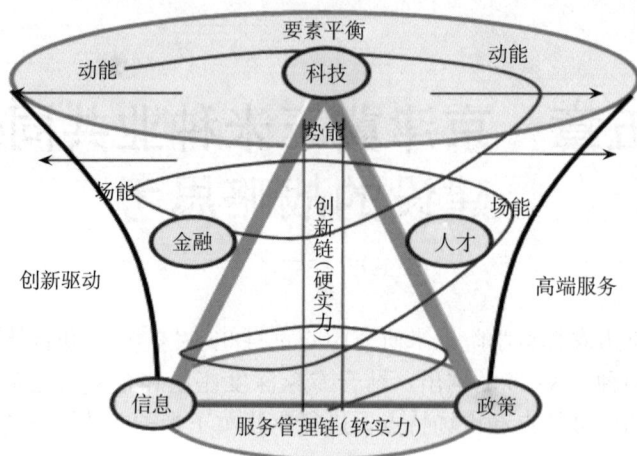

图 5-1　京津冀玉米种业协同创新模型

京市农林科学院玉米研究中心为技术牵头单位组建的国家现代农业科技城玉米品种产业化开发联合体（"6+1"联合体）是目前联合效果最好的典型代表，充分发挥了科研院所创新优势和种业企业市场能力。通过政府推动，科技项目引导，以育种平台项目玉米成果——京科968为载体，北京市农林科学院分别与中国种子集团有限公司、北京屯玉种业股份有限公司、北京德农种业有限公司、山东登海种业股份有限公司、河南现代种业有限公司和北京顺鑫农科种业科技有限公司签订了京科968授权开发协议，并组成了"6+1"模式的京科968研发联合体。以此为模式引领，三地正在积极探索"企业需求、订单育种、联合开发、共拓市场"的商业化育种发展之路（刘晴等，2017）。

（一）自主创新重大突破

自主创新成果优质。京津冀玉米种业创新由北京市农林科学院玉米研究中心主导，以赵久然专家为首的研究团队自主研发选育了京农科728、京科968、NK815等优质新品种，同时由北京广源旺禾种业有限公司选育的旺禾8号也表现出良好的示范推广效应。京农科728和旺禾8号是由京津冀种子管理部门于2015年从北京育种单位自主创新育成的玉米新品种中筛选出来的机收抗旱优质品种。三地示范推广，同步开展新品种高产高效制种技术和栽培技术研究，实现良种良法配套。近两年在京津冀推广面积已达700万亩，增加经济效益近7.2亿元，仅2016年就帮助农民增收近4亿元。NK815经过京津冀三地生产试验、区域试验及抗病性等专项试验，以其高产、稳产、优品优质、抗逆性强、抗病害及适合机械化收获等优势特点成为2017年首次京津冀三地联合审定的唯一一个夏播玉米品种。京科 968 在雄性不育制种上获得突破，有效地降低了生产成本，提高了种子质量。在近年来种业市场种子数量过剩、较为疲软的严峻形势下，京科 968 逆势增长发展成为推广面积 1 000 万亩以上的大品种，2012—2015 年连续 4 年被农业部推荐为玉米主导品种，成为我国玉米生产上主推大品种，2016 年推广面积突破 3 000 万亩，在种业界创造了一个新的奇迹。京津冀玉米自主创新成果优质带来了推广生产上的逆势发展，进而提升了京津冀玉米种业的竞争力、话语权、决策权和收益权。

（二）集成创新探索稳健

京科 968 的"6+1"联合体从品种、种艺、肥料、病虫害防治、收割等全过程出发研究集成并示范推广了以"单粒精量播种""早播、适密、防倒"为核心的高产高效配套栽培技术 10 套，并形成技术体系。这种集成创新模式为京科 968 的推广提供了重要科技保障，其雄性不育制种降低了劳动强度，每亩至少节省去雄人工费用 200 元，并进一步提高了制种质量和种子质量，实现亩制种产量 1 000 千克以上，质量超过国标一级，并申报国家专利发明 2 项。

（三）协同创新逐步推动

1. 组织体系不断健全　京科 968 的研发推广组织体系目前是以玉米研究中心为技术支撑主体，以北京农科院种业科技有限公司、中国种子集团有限公司、北京德农种业公司、山西屯玉种业公司、河南现代种业有限公司、合肥丰乐种业公司、北京金色农华种业公司、北京华奥农科玉育种开发有限公司、北京顺鑫耘丰种业公司、北京华农伟业种业公司等为服务推广主体，以联合体带企业、以企业促联合体，培育龙头企业，实现"高端、高效、高辐射"的目标。对内科企结合探索商业化育种创新模式，对外供需结合创构优质品种产业化新路径，且正向企业逐步成为创新主体的方向转变，进一步提升企业的话语权、决策权和收益权，充分发挥科研单位技术优势和种业企业市场能力，既能保持创新活力又能快速吸收转化市场需求，带动行业发展。

除育种单位主体组织体系不断健全外，政府机构为推广提供的支撑保障组织体系也不断优化。在联合审定方面，北京市农业局、天津市农村工作委员会及河北省农业厅联合签发了《关于建立京津冀一体化农作物品种审定机制的意见》。2015 年在保留京津冀依法独自开展品种审定的基础上建立了一体化审定机制，其中包括了由京津冀三省市农业部门共同确定玉米相应适宜区域的试验区组、试验方案和品种审定标准，实行统一审定。在 2014 年小麦品种试验的基础上，2015 年增加了夏播玉米试验，每省市 4 个试点，参试品种 15 个。在品种区试一体化方面，京津冀三地自 2014 年开始每年轮流主持，组织开展京津冀生态区小麦品种联合展示示范工作。目前，三地有 22 个单位承担了展示新品种示范工作，共展示示范小麦、玉米新品种 100 个。在联合执法方面，自 2015 年起三地已出动种子执法、质量抽检人员 20 多人，组成联合检查组，在交界区域的河北承德、北京密云和天津蓟县开展了巡查抽检，共检查玉米种子繁育基地 7 000 亩左右，玉米杂交种品种 3 个，检查种子企业 3 家，种子门店 15 个，抽检种子样品 3 个。

2. 空间布局逐步优化　2016 年国家农作物品种审定委员会《关于印发国家审定品种同一适宜生态的通知》对小麦、玉米、水稻、大豆、棉花 5 个农作物品种的同一适宜生态区，打破了此前引种的行政区域限制，使得玉米种业区试、跨区域引种和推广等的空间布局逐步优化。

京科 968 的联合推广体现了玉米在东华北地区的空间布局优化。京科 968 适宜在北京、天津、山西中晚熟区、内蒙古赤峰和通辽、辽宁中晚熟区（丹东除外），吉林中晚熟区，陕西延安，河北承德、张家口、唐山地区等春播种植，其在东华北玉米生产中得到了快速推广。2012 年共推广 60 多万亩、2013 年达到 615 万亩，2014 年突破千万亩达到 1 600 多万亩，2015 年达到 2 000 多万亩，2016 年达到 3 400 万亩，实现跨越式发展。6 家企业都分别在北京、天津、内蒙古、吉林、辽宁、河北、山西及陕西等地开展了玉米品种的组合推广，基本覆盖东华北区域，充分实现了京科 968 的价值。京科 968 以北京作为自主创新源头，基本形成了立足北京、带动东华北、辐射全国的空间布局。

（四）体系创新深度融合

1. 科技创新与高端综合服务融合实现价值放大　2014 年京农科 728 即为京津冀种业协同发展奠定了良好的基础，当时北京市种子管理站联合天津市种子管理站和河北省种子管理总站推广京农科 728，通过以优势玉米品种开发利用为平台，构建了三地种业联动合作机制。随后，搭建了以北京市农林科学院玉米研究中心为技术牵头单位的联合体技术服务平台，以京科 968 为核心技术，通过单粒播种技术、高效繁制种技术、高产栽培技术等有力的科技支撑和种业企业完善的推广网络。"6＋1"联合体形成的基于终极客户实际需求和问题制定综合解决方案的集成供应商联盟，为客户创造了额外价值，引动客户进行体验式参与，基于全链条的敏捷管理和敏捷开发有利于多主体的信息共享和风险共担，有效地加快了创新速度，缩短开发周期，提升服务质量，以及将潜在需求现实化。

2. 平台系统建设加快，完善基因库和监测系统，减少创新资源浪费和研发恶性竞争　北京玉米种子检测中心是依托自主创新的玉米标准 DNA 指纹库构建及其关键技术为核心的玉米种子真实性检测质检机构，2011 年通过农业部考核认证，成为首个具有农业部玉米品种真实性检测资质的专业机构，构建了已有 26 000 多个品种的全球数量最大的玉米标准 DNA 指纹库，制定了《植物品种鉴定 DNA 指纹方法总则》《玉米品种鉴定技术规程 SSR 标记法》等 5 项检测标准。该平台面向全国玉米育种机构和企业提供检测质检服务，服务机制和盈利模式基本健全，在业界形成了良好的口碑，具有较强的生命力和可持续性。未来，北京农业科学院玉米研究中心将联合顺鑫集团共建顺鑫种业研究院，推动玉米新品种联合研发与创新，共建科企结合的研发创新平台，推动创新链和产业链融合发展。

2016 年由中国农业大学牵头，联合京津冀科技创新创业主体创建的京津冀现代农业协同创新研究院在涿州市挂牌成立，三地科研创新主体瞄准国际种业高端，重点开展玉米、小麦、大豆、马铃薯、蔬菜等种业创新研究与品种选育、转化和示范等工作，将商业育种与科研育种进行有机结合，搭建"吸引集聚—展示推广—服务创新"的现代优势种业产业链模式，形成辐射全国的种业科技创新平台。这个平台建设也作为农业高新技术、高新技术企业、高新技术产业集群和创新与高端服务融合人才的孵化器，为京津冀农业协同创新发展提供支持和空间。

二、京津冀玉米种业协同创新共同体建设的思路框架

按照"总结—设计—创构"的思路，开展京津冀玉米种业协同创新共同体建设，即以我国生态位优势特色为基础支撑，以现代化育种技术理念为手段，以培育我国玉米种业核心价值和核心竞争力为核心，实现探索和保持我国玉米种业标志性、多样性的目标。京津冀玉米种业协同创新五体模型见图 5-2。

京津冀玉米种业共同体包括命运共同体、利益共同体、综合共同体、组合共同体、空间复合体等多种内涵外延。其中，命运共同体是路径，决定了参与共同体的门槛，只有同向同路同心同德的才可进入，主体面临共同的机遇和威胁也有一致的共同需求；利益共同体是机制，解决参与主体间的公平，保证共同体的秩序，使得共同体协同前行；服务综合体，做共同体的综合公共服务，是共同体价值放大和留存的载体；运作组合体，做共同体的运作，是共同体基于客户和市场价值实现的组织运作形态，即将共同体虚拟成集团，形成集团业务，对外进行业务组合运作；命运共同体、利益共同体、运作组合体共同围绕服务综合体在空间上形成共生界面、共生物质和共生能量，从而形成了空间复合体。

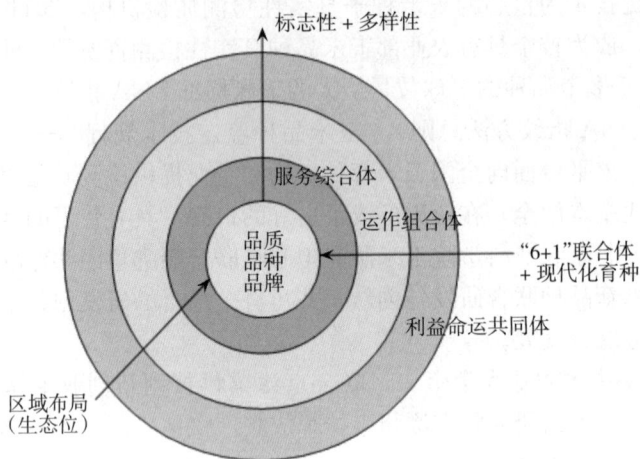

图 5-2　京津冀玉米种业协同创新五体模型

（一）命运共同体

从命运共同体看，在国际激烈竞争、供给侧改革、非首都功能疏解和京津冀协同发展的新形势下，种业掌握着国家农业安全的命运。京津冀玉米种业要通过建设命运共同体承担起新的责任和使命，更好地应对国外种业企业对我国种业市场的挑战并将其转化为机遇，以企业为创新和服务主体提升竞争力进而提升国际产业竞争力，实现缩差国际、超越自我的使命目标。京津冀玉米种业面临区域外甚至与国际的过度竞争，品种多差异巨大，但标志品种少，同时也面临两类对手（阻碍）。一是国际上水平更高的，抑制国内种业发展；二是区域内或全国水平更低的，拖后腿阻碍发展；其关系见图 5-3。

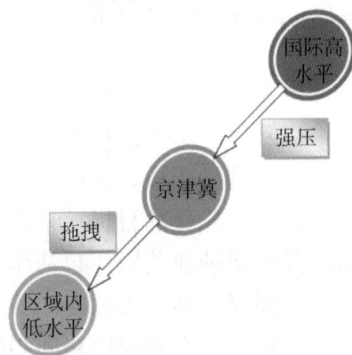

图 5-3　京津冀玉米种业竞争生态模型

其原因在于自身自主创新、集成创新和协同创新均不足，要通过命运共同体的建设规避无效路径，加快提高品种集中度，打造标志品种。品种集中度提高能够引动创新资源向创新主体聚集，扩大规模经济效益，提高创新手段的有效性进而缩短创新周期。京津冀玉米种业要站在全国价值链去参与世界价值链分工，目前京科 968 的推广示范为命运共同体的建设奠定了良好的基础。

（二）利益共同体

从利益共同体看，京津冀玉米种业各主体要在资源要素重配、种业价值重组和产业能力重构上形成共同体，其目标是建立以新契约和治理结构为基础的体制机制，培育新业态和新模式。利益共同体的建设要在"6＋1"联合体内部建立内在激励机制，内外结合建立共享机制，实现全链条闭环的信息共享、风险管控和共担，以及公平公正的利益分配。"6＋1"联合体推广模式目前实现了京科968示范推广面积的跨越式增长，截至2016年年底已累计推广玉米3 000万亩，增创产值约为60亿元。

从"6＋1"联合体内部来看，利益共同体的雏形已基本形成，7个主体以协同创新与高端服务融合的模式，通过企业品牌与科研单位品牌联合将京科968打造成了一个产品品牌。玉米中心借助这个雏形模式实现了京科968的大面积推广和高科技价值，6家种业企业则在其中通过建立的内在激励机制获得了协同创新成果推广的优先权和交易权，整体打造了京津冀玉米种业基于京科968的品种、品质和品牌核心价值。

从联合体外部来看，内外结合要建立共享机制，包括信息共享和利益共分。北京顺鑫农科种业科技有限公司的成立就是一种路径，借助顺鑫品牌利用资本市场融资，通过与玉米中心成立研究院实现从基于成果转换的科企合作被动地位向协同合作创新的主动地位转变，增加品种的分配机制选择。其次，顺鑫农科通过搭建平台，引动小企业带领的小团队登陆平台，共同学习、创新和服务，获得整体价值提升和利益分配增长，在外部建立半紧密半松散的利益共同体。

（三）服务综合体

从服务综合体看，目前以农业科学院玉米中心为科技支撑主体，以种业企业为品种推广服务主体的综合体模式尚处于成长阶段，推广效果明显，但企业主体的创新、服务、组织和运营四大能力不协同。借助"育繁推一体化"企业的服务网络，即由地级、县级、乡级、示范村层层靠近终极客户，再进一步提升强化企业作为创新主体的地位和话语权，结合互联网平台建设服务综合体更能形成服务效益的倍数效应。京津冀玉米种业协同创新发展要通过建设全产业链平台型龙头＋链式集群＋功能服务综合体的模式，提升玉米品种、品质和品牌的联动效应，以京津冀为首引领全国玉米种业协同发展。

服务综合体的建设不仅要依托"企业＋龙头＋现代服务业"的模式，还要充分利用政府和公益机构的支持，由这类主体为企业提供"公共性"和"公益性"服务，更容易形成服务推广的规模效益，阻碍较小，进而帮助企业降低部分服务成本，使企业、科研单位和政府在建立服务综合体的同时，优化利益共同体的目标、责任和利益分配结构。

（四）空间复合体

京津冀的协同发展中北京更注重基于协同创新的高端服务业，以服务业引领带动京津冀的发展，以及河北和天津的提升。未来北京的都市种业在内，非都市种业在外，形成主价值链在外辅助价值链在内的发展模式。北京在大种业的科技链和创新链上没有优势，只能保持跟随，但服务链具有引领优势，能够缩差国际。服务引领优势的保障在于创新环境良好，尊重知识产权，接受知识价值，高等级人才要素在北京更易获得价值认同和价值平衡，而河北正好缺乏这种支撑保障的环境、体系和氛围。因此，三地要进行体系共建，引动北京科技创新体系向津冀转移和延伸，即河北和天津缩差国际依靠北京，北京发展利用河北的空间，由此形成高质的共同需求和优质的互补供给。

从空间复合体来看，京津冀玉米种业承载着生活、生产和生态功能符合。玉米的生活功能体现于其服务生活、服务大都市，在城市居民注重膳食平衡、食品需求愈发多样化的今天，鲜食玉米和甜糯玉米深受城市居民喜爱，玉米在观光农业和休闲农业领域内也具有很大的开发潜能（赵久然，李云伏，2007）。在生产方面，京津冀尤其北京并不具备保障玉米大规模推广种植的条件，但京津冀的开放性和各方面先进性为新品种推广展示提供了巨大的舞台，其优势允许并欢迎优质品种在京津冀这个平台上打造知名度、提高认知度和提升信任度，三地既构成竞争，同时也分工互补。在生态方面，玉米是不可替代的旱地主栽作物，京科 968 在抗旱节水上更具有不可替代的优势（赵久然，李云伏，2007），即使在大旱地区、年份，其依然能够实现高产指标，让农民用得安心、种得放心、收获得开心，更是紧密响应北京农业"调结构转方式发展高效节水农业"和都市型节水农业的深入推进。京津冀在空间上优化布局、共同执法、要素匹配、产业链多链融合、区域协同、自然生态位得以清晰，用种主体服务更易，品种推广的竞争会更加公平公正公开，由品种品质、组织机制决定而非关系、寻租决定。综上，京津冀通过建立平台生态，以"红娘"的方式调动空间上多区域主体共同参与，在生活、生产和生态上形成三生空间复合体。

（五）运作组合体

北京市农林科学院与中国种子集团有限公司、北京顺鑫农科等国内骨干种业企业，共同组建了北京农科城玉米品种研发联合体，探索"企业需求、订单育种、联合开发、共拓市场"的商业化育种发展之路。按照市场机制、成果约定的原则，签订了京科 968 玉米新品种开发协议，由合作企业向北京市农林科学院支付品种权使用费，加快了京科 968 玉米新品种在全国的大面积推广应用。"6＋1"联合体以企业为投资运作主体，以政府支持、市场引导、科企合作、平台联盟参与的形式进行组合运作，在空间布局上进行局限的划分，对玉米产业链和服务链不同业务板块开展拆分运作，围绕核心品种京科 968 集成服务技术配套。通过这种商业化育种新模式运作，该品种推广种植面积由 2012 年的 60 多万亩增加到 2016 年的 3 700 多万亩。

中国种子集团有限公司、北京屯玉种业股份有限公司、北京德农种业有限公司、山东登海种业股份有限公司、河南现代种业有限公司和北京顺鑫农科种业科技有限公司均在自身渠道优势的基础上，在东华北地区进行了玉米品种组合推广。由于推广空间布局不予以划分，同一区域可能存在多家企业共同推广的情况，玉米中心与 6 家企业在横向上形成合作关系，企业之间在纵向上构成竞争关系。同一区域可能存在 1 个、2 个、3 个、4 个、5 个、6 个主体同时参与推广，其竞争程度逐渐加剧，有 6 个主体参与推广时竞争最激烈。

根据波士顿矩阵理论，产品销售增长率和市场占有率既相互影响又互为条件，二者相互作用会出现四种不同性质的产品类型，形成不同的产品发展前景。一为销售增长率和市场占有率"双高"的产品群（明星类产品）；二为销售增长率和市场占有率"双低"的产品群（瘦狗类产品）；三为销售增长率高、市场占有率低的产品群（问题类产品）；四为销售增长率低、市场占有率高的产品群（金牛类产品），见图 5-4。

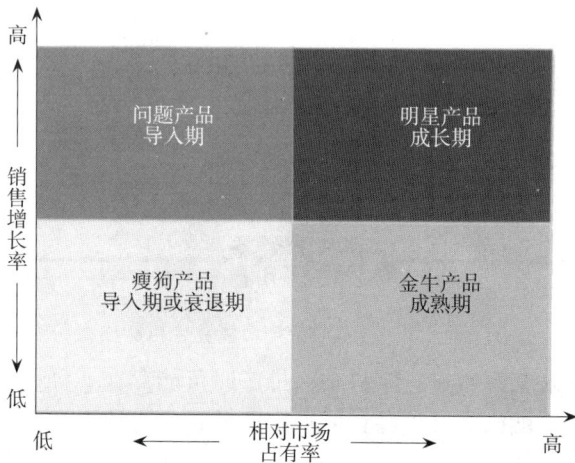

图 5-4　波士顿矩阵

6家玉米种子在不同区域分成不同产品类型，例如中国种子集团有限公司和北京屯玉均在内蒙古、吉林、辽宁、河北、山西、陕西、北京和天津6地推广京科968，同时推广其他玉米品种，多的可达9个，推广品种相对分散但企业间竞争也存在。京科968的相对市场占有率就会偏低，当然作为优质的新品种，其销售增长率走势高，因此在不同区域更多可能是瘦狗产品或问题产品，企业需要采取差异化区域布局来使京科968在多地区成为明星产品。

企业品种推广的起步模式和推广组合并不相同，6家企业在京科968推广中可分为3个类型，即主打968、适度规模和组合推广968。针对不同类型，玉米中心和客户在服务和选择上有不同的衡量标准和不同策略，玉米中心给予的是推力，客户施以的是拉力。对玉米中心而言，其会给予主打企业品种优先权和及时有效的技术支持，及时帮助适度规模企业解决问题，可能延迟为组合推广企业服务。然而对客户而言则恰好相反，组合推广意味着品种选择多，采取优先选择，主打某一品种意味着组合少选择少，延迟选择。因此，玉米中心对主打企业提供的优先服务是一种补偿，必须从上游开始提高企业的服务能力，主打服务增值。玉米种业"6＋1"联合体市场竞合机制模型见图5-5。

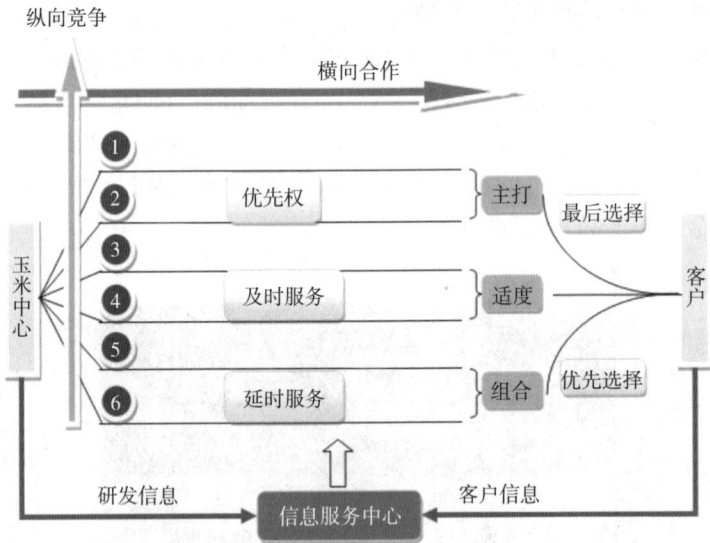

图5-5 "6＋1"联合体市场竞合机制模型

一个企业进入某区域进行京科968推广时可能存在三种情况：一为在此之前该企业在该区域就已有其他品种的推广业务；二为该企业在该区域从未开展过任何品种推广业务；三为该区域不存在6家企业中任意一家的推广业务。情况一，京科968作为更为优质的品种可能替代部分原有品种的需求；情况二和三，该企业需要率先通过品种组合推广打造知名度。但随着推广的深入，有的企业会选择退出该区域，最终 6 家企业会在多个区域实现多层次覆盖推广，实力越强的企业推广品种越集中即品种越少，实力较弱的企业品种较多，选择组合推广。企业面临多主体竞争时的正确做法是提升自己的服务能力和服务质量，这其中需要政府力量支持，即当地政府与企业联合提供公共服务帮助企业降低部分服务成本，企业本身专注定制服务和特色服务。

联合推广一可在渠道上进行互补，二可在传播上凝聚合力，三可扩展生产基地，形成渠道优势、宣传优势和制种优势，运作组合体在区域分工、环节协作和服务融合上依然有待推进，以形成最佳的良性竞争和有效互促。

三、京津冀玉米种业协同创新共同体建设的路径和机制

（一）责任目标机制

京津冀玉米品种应用年限已较长，种性退化，无法很好适应机械化籽粒直收和抗旱节水需要，与京津冀节水农业生态发展需求和目标相冲突，亟须更新换代。京津冀玉米种业协同创新共同体建设要以品种创新为核心，以国家种业竞争力提升战略决策中的体制机制变革为动力，目标是在符合京津冀战略发展的需要基础上实现京津冀玉米种业的提质增效，多链融合。责任目标机制的建立旨在将共同体的必要目标和需要目标分解成任务和责任，重新评估各主体的能力，按照能力分配责任，能力越强责任越大，并通过共同体帮助各主体整体提升。

（二）权力信息机制

京津冀玉米种业协同创新共同体的建设旨在提高企业等创新主体在国家种业自主创新战略中的话语权，要充分重视理念思路、政策法规和氛围环境的作用。玉米中心和客户存在策略选择差异的原因是信息的完备和对称不足造成主体之间贡献、认同和依存不同，因此建立信息共享、资源共享和平台共建的机制，以信息完备和对称程度评估参与程度，以贡献评估权力大小，形成权力信息联动机制（叶献伟，2013）。构建基于信息服务平台的服务综合体，搜集并整理研发信息和客户信息并提供给企业乃至全链，增强信息的完备性和对称性，减小由于链条过程或环节脱节造成的模糊和不确定性。

（三）调优决策机制

由于信息机制的健全，调优行为决策机制也呼应而出。信息服务平台不会也不能是公共或公益的，可能是某个收费的咨询机构。越模糊的主体对信息的

需求和信息机制建设的动力越强烈，玉米中心距离终极消费端最远或最近的企业动力都不强烈，而适度的企业最为模糊，决策调优的目的和作用是降低风险，中间者风险最大，因此也最愿意搜集并共享信息。因此，决策调优机制的建立能够很好地强化环节上各主体的地位，发挥企业和用种主体在种业创新链、价值链和产业链循环增值中的决策作用，增强企业对我国玉米种业国际竞争力的贡献。

（四）能力利益机制

以博弈、演化、共生为主线，依靠团队缩差，依靠联合超越，依靠集体升华，开展京津冀玉米种业自主创新模式创构，针对性地设计种业自主创新能力提升过程中的激励机制和利益分配机制，实现多主体参与的协同创新利益共同成长。

（五）资源要素流动机制

以政府支持、市场引导、科企合作、平台联盟参与的组织模式建立资源要素流动机制，主要在政策支持下促进科技创新资源如科技和人才要素向企业和市场流动，利用信息要素在产业链闭环上的流动提高决策质量，保障责任清晰、权利合理对等及利益分配公平，并吸引金融要素进入玉米种业市场。

四、京津冀玉米种业协同创新共同体建设的要素配置

京津冀玉米协同创新共同体建设的要素配置主要有科技、金融、人才、信息、政策等。协同创新的先决条件是科技要素的支撑，金融要素和人才要素是实现协同创新的重要手段，信息要素与政策要素是建立氛围、体系和环境的保障，信息具有公共性，政策具有公益性。从生产力角度看，科技与金融结合形成智能，科技与人才结合获得智慧，各要素相辅相成。

（一）科技要素

2014 年我国推行种业权益改革，农业部、科技部、财政部、教育部、人力资源和社会保障部等五部门印发《关于扩大种业人才发展和科研成果权益改革试点的指导意见》，从人才和成果入手，通过权益改革促进科研成果转移转化、权益分享，其目的是革除种业科研和农业生产"两张皮"，以及种业科研成果转化路径上的"肠梗阻"顽疾。目前京津冀玉米种业以"6＋1"联合体为例正在大力施行科企合作推动机制，促进科技要素向企业转移，与市场结合，

提高科技要素的流动性和产业化能力，以产学研结合的发展模式推动科技成果产业化。此外，科技要素还要向津冀流动，而这方面要由人才要素流动来带动，要以环境、体系和氛围来支撑。政府要营造环境，一手打击违法倒卖种子的企业，一手加大知识产权保护，尊重创新价值，促进创新成果的转换和交易，改变过去由于知识产权创新价值无法体现带来的市场混乱的局面。

（二）金融要素

种业发展还依靠金融资本引动，要促进产融结合，建立投融资种业连接种业资金需求和金融资金供给，让金融基于种业制定合身的投入资方案，如北京顺鑫农科种业科技有限公司的成立就是由金融资本引动的。2014 年 8 月北京市农林科学院与北京顺鑫农业发展集团有限公司及现代种业发展基金有限公司达成合作协议，共同组建注册资本 1.2 亿元的北京顺鑫农科种业科技有限公司，其中顺鑫集团资金入股 44％、北京市农林科学院成果及资金入股 43.5％、现代种业发展基金有限公司入股 12.5％。通过现代种业发展基金的介入推动种业科技成果产业化，促进京津冀种业发展。种业企业利用金融的形式有三：一为依靠企业自身；二为与产业链结合共同利用；三为依托平台生态，即企业＋链条＋平台；选择的指标标准有六，即信息、风险、信用、成本、规模和收益，六者相互影响。金融进入种业市场首先识别行业，其次考核企业六项指标（图 5-6）。

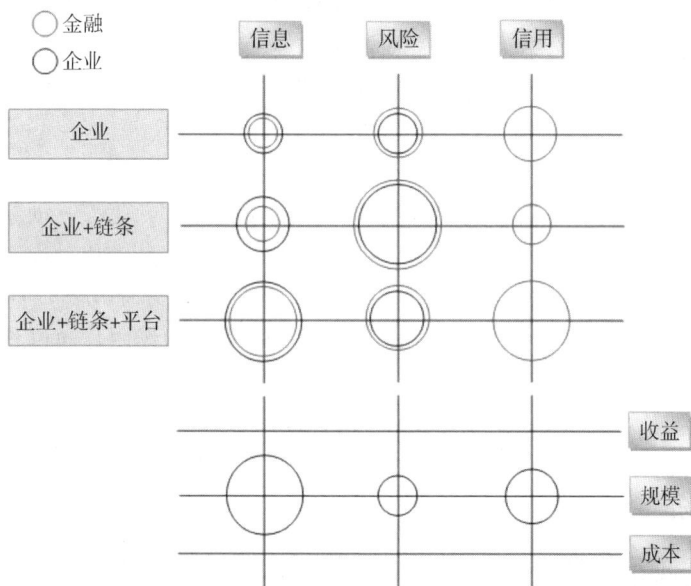

图 5-6　种业与金融结合模式

依靠企业自身与金融结合，其信息的完备性不足，但对称性相对较好，企业和金融的风险均相对较低，信用适中；企业＋产业链的形式，信息完备性提高，但与金融而言形式复杂掌握完备性难度较大，主体双方风险都最大，信用最低；企业＋产业链＋平台的形式，其信息完备性和对称性都好，风险较小，信用高。企业如何利用金融取决于利用的成本、可形成的规模及可获得的收益，要求成本节约、规模适度及风险合理。种业创新链各利用资本市场的方式不同，中上游环节依托服务平台依靠资本市场融资，下游根据其销售模式进行常规融资。

（三）人才要素

人才结构性失衡是我国种业发展的短板之一，京津冀玉米种业协同创新共同体建设需要在人才要素配置上多费心力，探索出最佳的人才要素流动和人才发挥作用的路径和机制。北京是种业权益改革的重要试点之一，在人才方面，《关于扩大种业人才发展和科技成果权益改革试点的指导意见》指出要通过深化种业人才发展改革，加快建立健全种业人才培养、评价、流动和分类管理机制，因此京津冀要通过政产学研的结合培养一批既有种业知识又懂种业商业化运营管理的种业人才，在共同体的理念思路下培养一批对农业有情怀，对国家有责任感、使命感和勇于担当的人才。更重要的是，正视三地在人才短板上存在的差异化缺陷，除鼓励人才从科研单位向企业流动外，要通过政策体系共建河北和天津的人才培养和利用氛围，加强津冀对人才的重视、尊重知识产权并接受知识价值，使高等级人才要素在津冀也能获得价值认同和价值平衡，这样才有利于人才在京津冀三地的和谐流动共享。

（四）信息要素

共同体的建设需要信息共享机制，关联主体之间、产业链、创新链和服务链的上中下游各环节之间做到信息公平、公正、公开、完备和对称，信息要素的良好流动和配置能够提高各主体的决策质量，降低决策风险，提高产业效益。充分发挥种业科技成果材料评价和公开交易平台的作用，通过种业科技成果确权和公开交易鼓励创新，促进科企紧密结合。京津冀玉米种业创新共同体建设必须走向敏捷管理和敏捷开发，做到全链条闭环增值创新进而循环改进，在品质和价值提升中获得势能，过程中不断放大动能，吸引关联主体共同参与进而扩张场能。

（五）政策要素

京津冀一体化的协同发展政策鼓励资源要素向更合适的生态位转变，政策鼓励种业创新主体逐步由科研单位主导转向种业企业主动，促进资源依附企业组织变成要素，使其流动性增强。京津冀三地要在政策支持和特色优势的基础上形成高质的共同需求和优质的互补供给，引动中高等级要素向产区流动，提升产区的价值地位和话语权，促进产业链的价值活动向销地移动。总体来说，京津冀玉米种业协同创新共同体的建设需要政策引导改变三地的信息机制、利益分配机制、决策机制和目标协同机制等。

我国种业创新能力、组织能力、管理能力、运营能力，尤其是服务能力依然十分欠缺，仅利用政府资源将主体组织在一起，联合借用便宜的要素独立做自己的事，无法形成集群的关联效应。种业主体之间既想合作又不愿意深度合作，无法融合协同，这就是命运共同体建设的障碍和难点所在。在政策要素方面，要持续加强三地联合执法，完善一体化审定机制，简化跨区域引种程序进而使三地合作更加顺畅。政策要鼓励有信用、有未来和有国家使命担当的企业实现并放大其经营价值，建立有效的激励机制和补贴保障机制，首先要有一套标准、科学、规范、公正、公开的评价体系，按照规范对企业进行定期评估，先生产后补贴，即根据企业实际的推广经营效益给予补贴，使种业企业分化，低水平的被剔除，整个产业生态得以改善。

第六章 京津冀蔬菜种业共同体建设的战略思考

围绕北京市农林科学院国家蔬菜工程技术中心、京研益农（北京）种业科技有限公司的优势品种研发、创新与推广体系建设，以及天津德瑞特种业有限公司和黑龙江省科润种业有限公司主导的黄瓜品种创新过程，结合专家深度座谈和企业实地调研，进行京津冀蔬菜种业共同体建设的案例剖析。

一、京津冀蔬菜种业协同创新的实践

京津冀蔬菜种业的发展在全国范围内是一个重要的议题，从改革开放以来，三地在白菜、西瓜、甘蓝、辣椒、黄瓜、番茄等方面所获得的研究成果在全国具有举足轻重的地位。其中，北京是京津冀种业成为全国种业核心的重要推动力。京津冀三地 30% 的种子销售在北京，但是在河北育种和繁种。在北京疏散非首都功能的前提下，呈现出平台型龙头、中小企业集群和功能服务综合体共同参与的竞争格局和发展态势。京津冀蔬菜种业协同创新模型见图6-1。

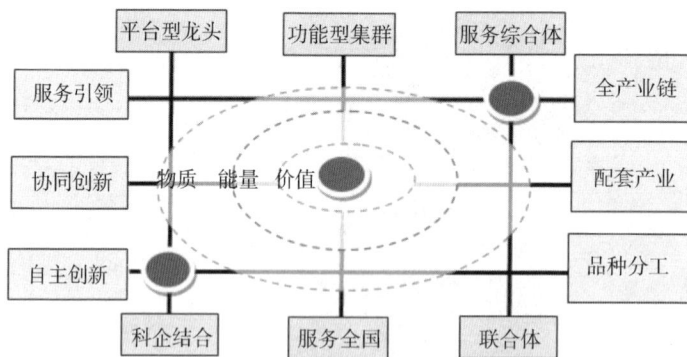

图 6-1　京津冀蔬菜种业协同创新模型

（一）品种创新取得显著成效

1. 科技创新引领京津冀蔬菜品种分工优势明显　京津冀蔬菜种业的协同创新发展中，北京和天津在蔬菜种业研发和产业化方面有一定的优势。研发优势团队方面，中国农业科学院蔬菜花卉研究所主导完成了黄瓜、白菜等全基因组测序，甘蓝、甜椒黄瓜等系列新品种占优势主导地位；北京市农林科学院蔬菜研究中心主导完成了西瓜基因组测序，大白菜、小白菜、西瓜、西葫芦、甜辣椒占优势主导地位；天津科润蔬菜研究所和黄瓜研究所拥有花椰菜青麻叶、类型大白菜、黄瓜杂种优势育种，花椰菜、青麻叶大白菜和黄瓜的相关产业占主导优势。

2. 京津冀蔬菜种业信用骨干企业排名前列　在中国蔬菜种业信用骨干企业前 15 名的名单中，有 4 家来自京津地区，分别是京研益农（北京）种业科技有限公司、天津德瑞特种业有限公司、天津科润农业科技股份有限公司、北京华耐农业发展有限公司。以北京为例，隶属于北京市农林科学院的京研益农（北京）种业科技有限公司近年来服务蔬菜产业取得了明显成效，并且先后推出自主知识产权的白菜、油菜、甜（辣）椒、番茄、黄瓜、西甜瓜、西葫芦、南瓜、菠菜、萝卜、甘蓝、茄子及各种名特优新蔬菜品种。面对当前全国蔬菜种业市场日趋激烈的竞争，北京京研益农科技发展中心充分发挥品种优势和智力优势，不断加强自主研发能力，先后承担国家及省部级各大攻关与推广项目 20 余项。

3. 天津黄瓜新品种研发具有领先优势　天津科润黄瓜研究所，是以黄瓜为对象的专业研究与开发机构，自 1985 年建所以来，一直以黄瓜优质、抗病、丰产和生态育种、加工品种选育为主攻方向，并进行黄瓜生物技术研究和综合开发研究，已连续主持国家黄瓜优质、多抗品种选育专题攻关项目，先后育成津研、津杂、津春、津优系列等 40 多个黄瓜配套品种，在我国黄瓜新品种研发领域始终处于领先地位，达到国际先进水平。天津科润黄瓜研究所的津优35 号、36 号黄瓜新品种的推广：首先在天津各区县建立科技示范户，起到辐射带动作用，扩大种植面积；随后在河北、河南、北京、山东等 18 个省份建立了科技示范户 150 多个，累积开展科技培训 4 200 人次，平均亩产提升 15％以上；通过广泛开展培训和技术服务，新品种的推广面积迅速增加，迅速辐射多个省份。

（二）协同创新的力度不断加大

1. 依托蔬菜创新主体不断健全科企合作机制　京津冀蔬菜种业的研发

推广组织体系目前是以北京和天津两地的技术支撑为主体，以京研益农（北京）种业科技有限公司、天津德瑞特种业有限公司、天津科润农业科技股份有限公司、北京华耐农业发展有限公司等为服务推广的主体，以联合体带企业、以企业促联合体，培育和发展龙头企业，向企业成为创新主体的方向转变，并充分发挥科研单位的技术优势，形成科企良好结合的态势，既可以保持创新活力又充分吸收转化市场需求。在联合攻关方面，京津冀三地将围绕制约果类蔬菜产业可持续发展共同面临的热点、难点问题和产业共性关键技术需求，在节水、轻简、高效新品种等重点领域探索开展合作研究和联合攻关。

2. 依托果蔬创新团队搭建三地果蔬种业创新平台 2016 年 10 月，北京市果类蔬菜产业创新团队、河北省现代农业产业技术体系蔬菜产业创新团队和天津市蔬菜技术推广站共同签署了《京津冀果类蔬菜产业技术合作备忘录》。三地将围绕农业生产的重要领域开展科研合作，打造京津冀果类蔬菜产业发展合作平台，重点围绕果类蔬菜标准化生产、节水生态、农产品质量安全等领域，合作研发果类蔬菜的新品种、新技术、新产品、新装备，打造京津冀果类蔬菜产业发展合作平台。通过共同搭建合作平台，建立专家和科技资源共享机制，积极探索"联合攻关、集成示范、培训观摩"的合作模式，共同推进京津冀蔬菜基地生产技术的优化和升级。在集成示范方面，每年将研发出的重点新成果共同安排示范，联合评价，将有较大推广价值的成果向对方团队进行推荐，由对方团队协助安排示范和推广，扩大技术成果辐射范围。在培训观摩方面，每年将选派岗位专家到对方团队进行授课培训，同时组织人员参加培训和观摩，促进技术交流。

3. 开展京津冀蔬菜全程绿色防控示范 北京、天津、河北三地共同启动蔬菜病虫害全程绿色防控基地的建设工作。自 2015 年起，京津冀将建 80 个绿控蔬菜基地，计划到 2020 年，北京、天津、河北三地协同建设"蔬菜病虫全程绿色防控示范基地"400 个，核心面积超过 10 万亩，辐射带动面积100 万亩以上（乔立娟等，2016）。三地将应用统一的蔬菜病虫全程绿色防控技术标准进行蔬菜生产，促进生产水平的协同发展。京津冀蔬菜绿色防控技术一体化应用，将对推动该区域内蔬菜产业发展，提升区域蔬菜品牌和价值，保障区域蔬菜产品质量安全发挥重要作用。通过绿色防控示范基地的建设，推广"无病虫育苗""产前消毒预防""产中综合防控"和"产后残体无害化处理"的全程绿色防控技术体系，以点带面，不断提高绿控基地的影响力和示范带动力，提高对绿色防控技术的认识，减少化学农药的使用，提升蔬菜质量安全。

（三）高端服务引领的带动效果明显

1. 依靠展示示范观摩会开展新品种推介服务　2016 年，京津冀三地种子管理部门联合开展非主要农作物登记互认工作，对番茄和黄瓜实行非主要农作物品种联合登记，让农户们在最佳播种期抢播优质良种。2017 年 6 月，由北京市种子管理站牵头组织的"京津冀马铃薯展示示范观摩会"在北京市延庆区北京绿富隆农业有限公司的种植基地举行，来自京津冀的马铃薯专业技术人员、种植大户等百余人参加了此次观摩会。2017 年北京市种子管理站实施了"马铃薯品种筛选、展示与示范"项目，从中国农业科学院、张家口市农业科学院、北京希森三和马铃薯有限公司、呼伦贝尔市农业种子管理站等单位引进了 30 余个马铃薯优新品种，分别在北京延庆、天津蓟县、河北坝上等地安排品种筛选试验、展示试验及品种示范，为加快节水抗旱马铃薯新品种推广提供平台。

2. 依靠北京种子大会推动三地种子交易服务　自 1992 年举办以来，北京种子大会连续 24 届针对蔬菜种业开展包括开幕式、论坛、高品质鲜食果蔬品尝会、研讨会、商务洽谈、特装展示、现货交易、新品种展示观摩、会员旅游参观等主题活动的种业交易服务。京津冀三地蔬菜种业科研院所在科研项目、平台共享、项目建设方面开展了一系列合作，也展开了相互观摩和学习的活动。京津冀蔬菜种业的主要产区在河北，推广销售主要在北京和天津。为了使品种更好地适应产区以达到高产，蔬菜种业的品种筛选面向主产区，京津冀三地形成了以河北为主产区、京津为主要推广地的空间布局，充分发挥了各自的优势，并将辐射我国的东南沿海、内蒙古等多个地区。

3. 依托北京农业嘉年华展示京津冀新奇果蔬品种　2015 年第三届北京农业嘉年华由京津冀合办，共展示新奇特品种蔬菜共计 230 余种，其中包括茄类 16 种、椒类 51 种、番茄 8 种、瓜类 32 种、薯类 4 种、叶菜类 50 种、芳香蔬菜 30 种、药用蔬菜 16 种、山野菜 10 种、食用花卉 8 种等。其中推出新奇特蔬菜品种 20 个，如冰叶日中花、无名葵、百香果、金皮金柱西葫芦等。

蔬菜种业的发展过程中，生态效益十分重要，需要保护知识产权、营造适宜环境、建立示范基地、打造线上产品等，同时要节本、节投、共同防范风险，促进果菜的标准化、品牌化和品种优良化。

二、京津冀蔬菜种业协同创新共同体建设的思路框架

京津冀蔬菜种业共同体包括命运共同体、利益共同体、综合共同体、组合

共同体、空间复合体等多种内涵外延。其中，命运共同体是路径，决定了参与共同体的门槛，只有同向同路同心同德的才可进入；利益共同体是机制，解决参与主体间的公平，保证共同体的秩序，使得共同体协同前行；综合共同体简称综合体，做共同体的综合公共服务，是共同体价值留存的载体；运营组合体简称组合体，做共同体的运作，即将共同体虚拟成集团，形成集团业务，对外进行业务组合运作；命运共同体、利益共同体、组合体共同围绕综合服务体形成共生界面、共生物质和共生能量，从而形成了空间复合体。

（一）命运共同体

从命运共同体看，目前我国蔬菜种业发展进入了一个关键的时期，面临着与国际种业巨头的竞争和国内种业体制改革的双重挑战（王立浩等，2016）。在这样的形势下，我国蔬菜种业企业正在不断引进先进技术、优化品种，以提升主体竞争力，进而提升国家产业竞争力为使命目标。同时，在借鉴国外企业先进经验的基础上，与我国国情相结合。国外企业进入我国的同时，带来了新的品种、材料、管理理念和资金等，我国科研院所和民营企业要充分开展合作，做到产学研结合，科研单位发挥自己的资源、科技和人才优势，民营企业发挥自己的机制、营销和推广优势，共同促进民族蔬菜种业的发展。

国内民营企业由于是完全的企业经营管理模式，所以必须用更多的力量来全力以赴保证育种、优种的成功，没有任何的退路和安逸的思想。

北京京研益农科技发展中心属于北京农林科学院蔬菜中心下属的转制企业，拥有一批国内外著名的育种专家率领的科研体系，控制了新品种这一种业企业的核心竞争力，具有先进的种子加工流水线、"品牌及服务优势"，在发展上形成育种和经营相对分离的产学研合作机制，"育繁推内部一体化"，形成以京研西瓜为主打的产品组合体，是具有与国际巨头抗衡的发展前景的大型蔬菜种子龙头企业。北京华耐农业发展有限公司是由蔬菜种子代理销售进化而来的"育繁推一体化"种业科技企业，公司在甘蓝、西甜瓜、甜糯玉米等优良种子上具有绝对优势，是区域性的蔬菜种子龙头企业，作为具有区域性特点的中小企业主体构建商业化育种机制，需要借助产学研结合发挥结合优势、创造新优势。在建设命运共同体方面，以京研益农和华耐种业为例，两者应该共同合作，把企业发展放到京津冀一体化发展、菜篮子工程、体验休闲、科普、节水、生态等视角上。在投入机制上，注重自我投入、政府投入、盘活联合投入相结合，通过政策的落实实现投入的可持续性。在发展目标上，要实现区域贡献、产业贡献、体制改革与机制创新贡献，华耐种业在科研项目立项上，要明确缺少什么资金，在哪些环节需要资金，然后与京研益农开展合作，共同提出需求、申请立项，最终推动种业科研面向市场、实现产业化。

（二）利益共同体

从利益共同体看，种业发展，首先需要解决的是品种的问题，品种的选育要有技术优势及对市场的充分了解，北京和天津在蔬菜种业研发和产业化方面有一定优势，河北省部分蔬菜种质资源具有地方特色优势。建设京津冀蔬菜种业创新共同体，可以针对河北省主要蔬菜，与京津科研院所、优势企业、优势研发团队和产业团队开展合作。其次企业和品种的建设还需要品牌，只有品牌化才能提高影响力，提高自身的依存度，从而更好地走出国门、走向国际。

以天津德瑞特种业有限公司为例，公司每一时期的发展都把品种突破、品牌建设和市场营销放在企业发展的核心位置。准确的市场定位、突出的产品特点、严格的质量控制、完善的售后服务、科学的渠道建设使德瑞特公司得以迅速发展。以天津科润蔬菜研究所为例，其以自有品种经营推广为全部主营业务，并与经销商建立了"能欠账"（卖完种子后再返还科润的收入）的信任合作关系，类似于科润与基地（卖完种子后再返还基地的收入）的关系，通过对自有品种的推广并形成一定优势，天津科润蔬菜研究所与经销商、基地形成了利益共同体。

（三）服务综合体

京津冀蔬菜种业协同创新服务综合体是联动京津冀三地之间通过聚集科技人才、金融、信息和政策要素，建立的跨区域创新驱动与高端服务融合的组织形态和业态，从而实现成本降低、风险控制、信用提升、收益增加和规模扩大的效应（图6-2）。从服务综合体来看，蔬菜种业的发展印证了全产业链服务的思想，各个环节协同匹配进而提升全产业链并实现增值的模式是对这一思想的印证。科教机构和企业需要面向主产区，即面向生产区域育种，现在由于需要考虑蔬菜的储藏、运输和保鲜，蔬菜种业需要面向全产业链，各个环节也需要组织管理。由此衍生面向全产业链的种业的服务，为种业、生产甚至全链条服务。

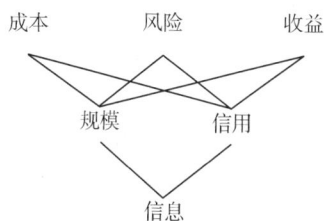

图 6-2　京津冀蔬菜种业服务综合体成效

具体来看，可通过向上游科研的延伸挖掘、向下游经销商的拓展挖掘，不断地分类分析和挖掘，发现产业中数据或信息变化的原因及其影响因素，形成种业供需界面。为供种单位提升创新能力、服务能力和管理能力做服务，为经销商供给链条推广种子做服务，能够服务于育种方向、繁种调整、种子库存等。打造面向生产的集成服务，使得产品的价值链协同，促进关键技术的自主创新、产业的集成创新、价值的协同创新，使得全产业链对服务的依存度大幅度提升。

天津科润公司蔬菜研究所在服务综合体的建设方面，吸取北京市丰台种子市场无门槛引入河北种子销售企业的教训，提高种子企业进入门槛，更多地吸引先正达、圣尼斯等跨国蔬菜种子公司，开展从育种、繁种、生产到营销及休闲体验的全产业链的服务业，同时依托宁河国际农业高新区建设，在核心区周边大力拓展蔬菜种业研发创新基地和集成示范展示基地，开展蔬菜种业科技链、创新链和服务链的总部基地培训服务。

（四）空间复合体

京津冀蔬菜种业协同创新空间复合体立足区域优势特色、融合区位资源禀赋、实现空间错位协同发展的复合共生界面。从空间复合体看，京津冀三地蔬菜种业协同创新需要发挥河北作为蔬菜主产区和育繁种基地的空间优势，以及北京天津作为研发创新和交易展示的创新服务优势，构建以北京和天津为核心带动和辐射全国的空间布局。未来蔬菜种业的发展要以"育繁推一体化"种子企业和农业产业化龙头企业为主体，带动京津冀蔬菜种子企业的科研基地、生产制种基地、规模化良种场和示范基地协同发展。围绕空间复合体的部署布局，以京研益农、德瑞特种业、科润种业和华耐农业为代表的京津冀蔬菜种子企业，纷纷在河北张家口、山东寿光、海南南繁等地建立育繁种基地和区域研发创新中心，实现种子研发与育种基地、产业基地的空间网联与资源互动，不断扩大京津冀蔬菜种业的影响力、支配力和控制力。同时，蔬菜种业本身也是集生活功能、生态功能、生产功能和示范功能于一体的比较有代表性的空间复合体。

（五）运作组合体

京津冀蔬菜种业种业协同创新运作组合体就是以企业创新为主体，以科研院所为支撑，以组合运作为手段，建立分工协作、优势互补、价值导向的组合团队。其中，蔬菜种子企业可分为农业科研院校背景的蔬菜种业企业、民营育种型蔬菜种业企业和代理经营型种业企业。

科研院所和大学仍是蔬菜育种的主体，多数民营企业是繁育种子和销售种子的主体，未来蔬菜种业协同创新需要科研院所与企业分工和合作，发挥科研院所和高等院校作为蔬菜种业基础性、公益性和公共性研究主体的作用，发挥蔬菜种子企业作为商业化育种主体的作用。通过家族性民营种子企业，建立易于传承、成本低、效率高、经营灵活的商业模式，借助大企业集团或上市公司的蔬菜种业企业，发展具有区域覆盖、地域特色的蔬菜种子业务，最后一种则是少数大企业与小企业结合的模式。未来的运作组合体发展的关键在于提升系统集成能力和协同创新能力、组织管理能力，促进企业发展对科技创新的依存度，实现科技创新与产业链运作紧密衔接，实现蔬菜种子产业链主体在生态、社会、经济更大空间的协同运作。

三、京津冀蔬菜种业协同创新共同体建设的路径机制

京津冀蔬菜种业协同创新共同体的建设，需要创新运营主体的引动、空间网络载体的支撑、创新服务客体的保障，以公共的治理和契约作为基础体制框架，以利益共创和激励作为运行关键机制，以不同主体形成的平台生态作为组织架构。京津冀蔬菜种业协同创新机制见图6-3。

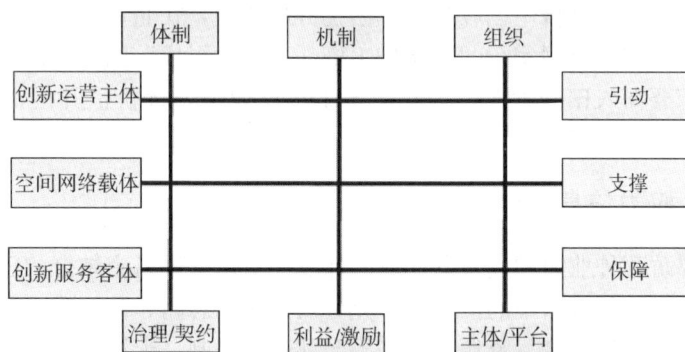

图 6-3　京津冀蔬菜种业协同创新机制

（一）调优决策机制

京津冀蔬菜种业协同创新共同体的建设和发展是以国家蔬菜种业发展战略实现为目标，以制定赶超引领的蔬菜种业协同创新决策为方向，肩负着蔬菜种业产业创新领先和产业转型升级的重大使命——加快行业整合，扶持有潜力的蔬菜种子企业做大做强。我国从事蔬菜种子生产经营的各类企业数量虽多，但是大多数经营规模狭小，经济效益低，研发能力低，竞争力弱，缺乏行业领军种子企业。京津冀蔬菜种子行业应采取切实有效措施支持并整合一批研发能力强、市场份额大、诚信度高的种子企业，使我国逐步形成几个能参与国际竞争

的大型蔬菜民族种子企业，以应对国际种业高科技和垄断资本的激烈竞争与挑战。未来种业企业要想走出去，还需要建立企业品牌，提高自身依存度，在国内形成成熟的全链条模式。

（二）责任目标机制

京津冀蔬菜种业协同创新共同体的建设以落实京津冀蔬菜种业发展为首要责任，以提升协同创新能力、合作竞争能力、服务管理能力为目标，具有长远性、持续性和动态性的特点。京研益农积极推动内部股份制改革，实现全民持股、全民受益的模式，率先探索了种业科技体制改革下的责任目标机制。坚定推进科研单位与商业化育种、与研究单位附属种子企业的"两分离"，推动科研单位加强基础性研究、企业加强商业化研发的"两加强"，促进科研单位与企业、基础性研究与商业化研发"两合作"，鼓励商业化科研资源和人才向企业流动，搭建合作平台，强化产学研结合。同时，科研院所要避免重复研究的问题，而企业要注重加大市场推广的力度，提升科研成果的转换效率。以天津科润蔬菜研究所为例，尽管属于全国独家科研单位转制企业，但是整体属于自负盈亏的单位，具有自主创收政策和激励分配机制，在企业经营和激励机制上有一定的自主权。公司实行"低基础工资、高绩效提成"的压力机制，大部分育种人员都要深入田间地头，为每个员工提升业绩发挥价值开展深入的育种实践。

（三）权力信息机制

京津冀蔬菜种业协同创新共同体的建设注重以提高科企结合的创新主体在国家种业自主创新战略中的话语权，充分发挥理念思路、政策法规和氛围环境的作用，建立信息共享、资源共享和平台共建的机制。天津科润黄瓜研究所早在 20 世纪 90 年代就建立了销售协作网，成员主要为全国各地具有影响的种子经销单位，此后又以技术合同方式与全国各省份农业科研单位、农业管理单位、种子部门和个体种子经销商进一步完善了销售协作网络，同时建立了"黄瓜王"网站，在全国率先实现良种的网上咨询、网上经销、网上管理。

（四）能力利益机制

京津冀蔬菜种业协同创新共同体的建设重在提升区域蔬菜种业协同创新发展能力、集成创新能力和组织管理适应能力，着力推动形成利益共享、风险共担和激励分配的新机制。天津德瑞特种业公司被袁隆平农业高科技股份有限公司的收购重组，在优化公司治理结构和股权模式的同时，充分体现了能力与利益的匹配对等关系。未来蔬菜种业发展过程中，科教机构改革会面临利益和治理问题，即混合所有制过程中的治理结构与经营结构的矛盾加剧，这就使决策效率低，成本高，人员的积极性受到限制。例如，天津科润蔬菜研究所在2000年脱离事业单位属性，作为全国唯一的科研院所转为企业的特例，尽管曾经作为农业部权益改革的试点，但受到天津市农业科学院里"一股独大"的体制机制的限制，需不断进行深入探索，理顺机制，提高体系化和系统创新的整体效应。政府作为行业扶持的投资主体，解决这一问题可以采取渗透式的方式，引入第三方主体和外部资金来解决，借助第三方认证服务，采用先建设后补助的方式进行资金扶持、政策支持，同时采用问责投资主体的管理体制。

四、京津冀蔬菜种业协同创新共同体建设的要素配置

京津冀蔬菜种业协同创新共同体建设中，创新非常重要，因而科技要素是关键。农业现代化过程中，共同体建设的目标是智能化、智慧化。信息、金融、科技要素有利于智能化建设，其中信息要素是基础，带有公共性，金融要素带有结合性。政策、人才、科技要素有利于智慧化建设，其中政策要素是支撑，带有公益性，人才要素具有结合性。智能、智慧具有融合性。在种业共同体建设就能形成以高精尖科技为引领，信息、政策、金融、人才要素服务不断进行价值放大的机制，并不断实现智能化、智慧化的目标。

（一）科技要素

政府对于蔬菜新品种选育要给予高度重视和大力扶持，加强蔬菜育种及相关技术的创新。蔬菜种业竞争的核心之一是优良品种的竞争，品种在市场中始终占据重要地位，谁掌握了品种，谁就能赢得市场的主动权。特别是加大对重点单位的支持，形成一批在国际上有竞争力的优势育种单位，使得种子科研部门和企业能够缩短育种周期，尽快培育出品质优良、具有市场竞争力的新优品种投放市场。

（二）人才要素

京津冀聚集了许多大企业与重要的科研院所，聚集了大量人才，与此同时，跨国公司的人才流失也为京津冀地区提供了大量优秀人才。国外在中国的跨国公司；本土员工在其中工作，当本土员工到达职业瓶颈期之时，人才就会从跨国公司流出，也会有新的人才进入跨国公司；而流出的人才就会到国内民营企业，寻求更好的职业通路，成为民营企业的顶梁柱；同时民营企业也不断

会有人员流出，人才要素流动中带来了相关种业资本的流动。由此行业前列企业为其他企业孵化了人才，这也是行业人才的孵化过程（图6-4）。

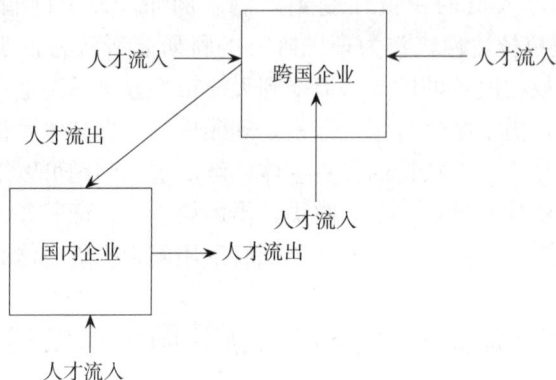

图 6-4　京津冀蔬菜种业行业人才孵化模型

种业基于创新链的服务链和人才链均存在问题——综合人才严重短缺。学校在培养人才的实践能力并投入实践的过程存在浪费，真正具备实践能力的人更多选择到政府就业而不是进入企业实践一线。京津冀在聚集了大量人才的同时，还需要提升人才层次。目前蔬菜种业知识水平及技术水平高的人较少，因此需要加强蔬菜种业科技和开发人才的培养，加快企业领军人才引进和优秀企业家的培养。种业科技是与生产实际紧密结合的应用性科技，要培育出更适合生产和市场要求的品种，必须深入实际了解蔬菜生产和市场需求，然而蔬菜品种开发的人才特别是高级人才极其缺乏，没有专门的系统性的培养体制，应该建立起类似蔬菜种业 MBA 培养机制，为蔬菜种业的发展持续提供优秀的开发人才。

（三）金融要素

蔬菜种业发展需要依靠金融资本引动，要促进产融结合，建立投融资平台连接资金需求与金融资金供给。"互联网＋"形势下种业企业的融资可通过众筹平台进行，即种子企业通过互联网上的众筹平台向群众筹资，"互联网＋种业"进行众筹的优势在于节约了从银行等机构贷款的时间和审核等成本（任智，侯军岐，2015）。另外，还可以通过企业上市的方式吸收资金，推动科技成果产业化，促进京津冀蔬菜种业发展。

（四）信息要素

随着农村互联网、信息技术的快速发展、智能手机的普及，以及农村交通基础设施的完善，"互联网＋种子企业"的运营模式通过电子商务平台进行交易和信息反馈，种子企业在保留原有的线下销售渠道的同时，选择有一定网络资源利用能力的经销商、代理商实现线上交易。同时在"互联网＋"的形势下，政府可为种业发展打造信息服务的平台，提供信息共享互通的服务（任智，侯军岐，2015）。

同时，建立信息化平台提供信息收集及关联服务，打通蔬菜种业产业链的各个环节，使得信息互通，促进产业环节间的传导，帮助产业链主体把握有关价格的规律，促进供需平衡。建立信息化平台，可通过直接对接经销商和零售商，或者是种植大户、合作社或乡镇农业推广站，这些主体相比农户的认知程度和接受程度高。

（五）政策要素

近年来种业科技体制改革政策频繁出台，种业企业和科研院所往往无所适从，比如天津科润蔬菜研究所，因为受到天津农业科学院的行政管理和资产管理的束缚，科润蔬菜种业正面临着企业和院所的双重考核。因为政策要素的不断变化，导致企业创新主体地位不断增强，以天津德瑞特种业企业为例，其一次性获得的政策支持和相应的项目支持往往是天津科润研究所一年项目的总和，相比之下，科润蔬菜研究所的政策支持力度较小。

强化京津冀蔬菜种业的协同创新需要政策保障，为此，首先要完善法律法规，适时修订完善种子方面相关法律和规章，完善种子生产、经营行政许可审批和监督管理的相关规定，制定育种研发、科技成果转化鼓励政策及科研人员行为准则与奖励办法，推动制种保险、种子储备等政策落实，对主要蔬菜作物新品种实施审定或登记制度，积极采取有效措施、法律和技术措施，加强具有植物新品种权的品种和育种材料的保护。

其次可以实施种业企业优惠政策，对符合条件的"育繁推一体化"种子企业的种子生产经营所得，免征企业所得税。对企业兼并重组涉及的资产评估增值、债务重组收益、土地房屋权属转移等给予税收优惠。对"育繁推一体化"种子企业的品种审定登记、植物新品种权申请等开辟绿色通道，加大研发投入，设立现代种业发展基金等给予支持。

第七章　京津冀蛋鸡种业共同体建设的战略思考

围绕北京市华都峪口禽业有限责任公司蛋种鸡产业链体系建设，以自主创新的蛋种鸡品种为研究出发点，以自主创新、集成创新和协同创新为主线，围绕组织、布局和平台建设，结合专家深度座谈和企业实地调研，进行京津冀蛋鸡种业共同体建设的案例剖析。

一、背景概述

（一）背景情况

京津冀蛋鸡种业协同创新共同体建设的目的是促进种业链、产业链、价值链和服务链的有效联通，形成信息闭环、环节开放的集平台型龙头、链式集群、综合服务为一体的产业生态，利用完备信息、对称信息、高效信息，形成精准蛋鸡育种、布局部署、环节协同、标准认证、短板改进、规模调控、供需对接的决策调优机制。基于信息和契约的良性传导而带来产业各环节的成本节约、风险降低、高质高效，促进蛋种鸡产业关联主体自主创新、协同创新和服务创新能力的提升，推动京津冀蛋种鸡产业关联主体形成互补的优质供给协同创新的满足产业发展和消费者品质提升的高值需求，形成可持续发展的利益和命运共同体，带动京津冀蛋鸡种业健康发展，提升我国蛋鸡种业的国际竞争力。

（二）主体解读

北京华都峪口禽业有限责任公司（以下简称"峪口禽业"）作为中国蛋种鸡产业的龙头企业，是京津冀蛋鸡种业协同创新实践的典型代表。在北京"调结构、转方式"的战略背景下，以蛋种鸡产业链区域布局为基础，以峪口禽业为主导牵头打造平台生态圈，通过调布局优部署，最终实现中国蛋鸡产业提质增效的目标。通过互联网＋蛋鸡种业打造"智慧蛋鸡"综合服务平台，重构京津冀蛋鸡种业运作组合体，最终影响关联主体的利益和命运，能够形成京津冀蛋鸡种业协同创新发展的利益共同体和命运共同体，在京津冀协同发展空间实现产业扶贫的社会目标、种养结合的生态目标、循环发展的经济目标（图7-1）。峪口禽业正在从蛋鸡企业向平台企业发展，未来将参与世界价值链分工，采用"龙头＋平台＋集群"的模式，利用世界的智慧打造中国特色，从服务化发展成为国际化，帮助世界蛋鸡提质增效，真正将蛋鸡种业命运掌握在我们国家手中。

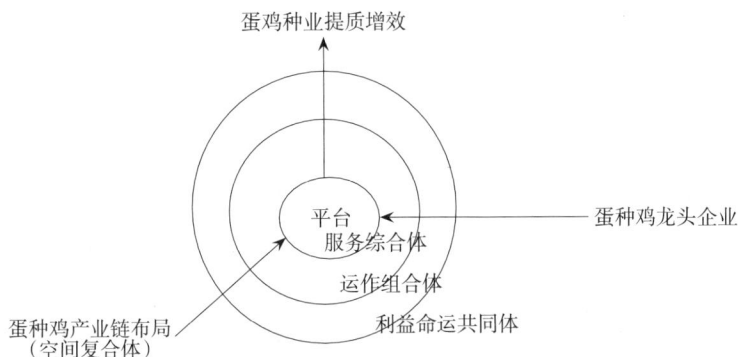

图 7-1　峪口禽业促进蛋鸡种业发展路径示意图

（三）价值解读

峪口禽业蛋鸡原种，与河北等多个地方农民共同孵化蛋鸡父母代，并配套蛋种鸡的防疫、饲料等服务，形成了自主创新的蛋鸡种子链。峪口禽业的蛋种鸡销售至全国，在全国各地进行蛋鸡的养殖，并配套蛋鸡养殖的技术、管理、运营的服务，形成了集成创新的蛋鸡养殖链。峪口禽业通过"互联网＋蛋种鸡"智慧蛋鸡平台，打通蛋鸡种业链与蛋鸡产业链，通过协同创新、体系创新延伸建设鸡蛋需求链，打造全链条闭环的价值。

峪口禽业智慧蛋鸡平台将有利于鸡蛋需求链的建设，促进蛋鸡种业链和产业链的联通，进行品牌渠道的建设，与品牌物流有效结合，使得"优质"有效地为"优价"背书，打造优质优价的鸡蛋创新市场，形成"上游品种控制、中游养殖影响、下游需求支配"的全链增值模式，使得产业链、组织链、服务链、创新链、价值链等多链有机融合。峪口禽业上游的品种链、中游的养殖链、下游的需求链，形成了全链条的"微笑曲线"（图7-2）。峪口禽业可以主导建立品牌基金，上游品种品牌形成控制力，中游规模联动形成影响力，下游产品品牌形成支配力，打造品牌价值链，促进品种链的利用、养殖链的提升、需求链的建设，促进创新链、服务链、价值链的融合。

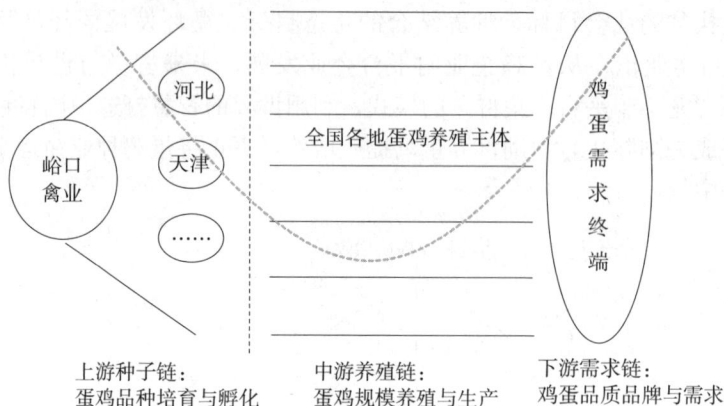

上游种子链：　　　　　中游养殖链：　　　　　下游需求链：
蛋鸡品种培育与孵化　　蛋鸡规模养殖与生产　　鸡蛋品质品牌与需求

图 7-2　峪口禽业蛋鸡全链条示意图

　　峪口禽业的蛋鸡品种是企业自主研发获得，强化了蛋鸡产业的国际竞争力，在产品市场波动过程中，能够通过品种的影响，优化产业价值。品种具有控制作用，品牌对品种能够进行循环引导，价值传导过程中种业向下游延伸融合，能够更好地解决种业问题。目前，蛋鸡成本增加，鸡蛋价格下降，产业的发展是非良性、不健康的，因此基于整体的分工合作中要素、产品、功能的信息非常重要，功能导向、要素配置的"平台公共服务"异常重要。峪口禽业利用 PPP 模式，解决公益的公共部分和商业的公共部分，建立政府、社会等多主体参与的混合组织，引入第三方基金，进行混合投资，提升平台服务，提高信息的完备性，推动产业的数字化、智能化、智慧化，促进创新等级和水平，拓展价值空间，提升产业水平。龙头型平台与联盟型平台的融合示意图见图7-3。

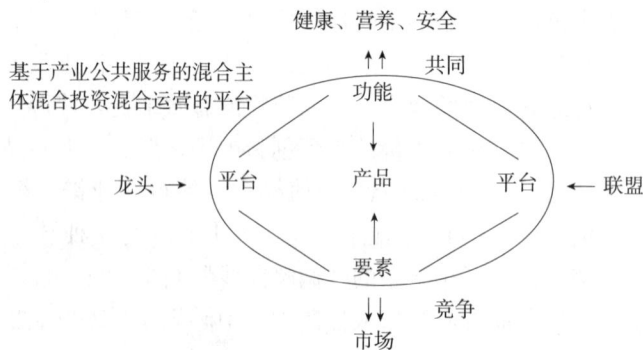

图 7-3　龙头型平台与联盟型平台的融合示意图

二、创新实践

京津冀蛋鸡种业围绕企业蛋鸡品种的自主创新、配套产业技术的集成创新、面向全产业的服务创新，形成了敏捷管理的组织，服务全国的布局，智慧蛋鸡平台，以及共生物质、共生能量、共同价值的生态。峪口禽业创新实践的解读框架见图7-4。

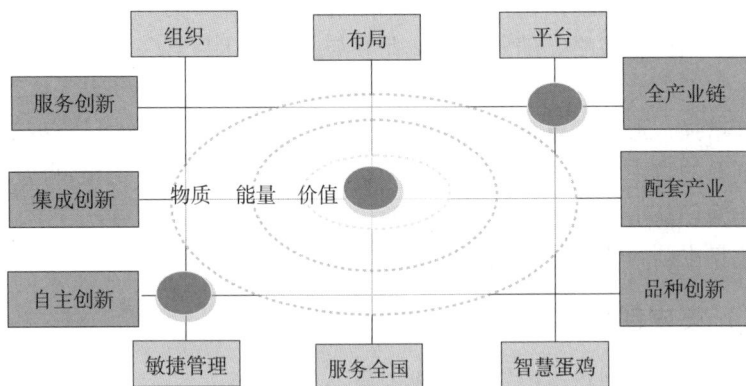

图 7-4　峪口禽业创新实践的解读框架

（一）自主创新

科企合作成效明显。京津冀蛋鸡种业协同创新发展中，北京作为中国现代化蛋鸡养殖的发源地，蛋种鸡自主创新具有得天独厚的优势。中国农业大学、中国农业科学院、北京市农业科学院、北京农学院、北京市蛋鸡工程技术研究中心等科研院所，为北京地区蛋种鸡繁育提供了强大技术支撑。在政府的支持下，峪口禽业借助首都的科技队伍和研发实力，与中国农业大学、北京农学院、中国农业科学院等科研院所合作，聘请蛋鸡育种专家定期指导，引进高学历育种人才，研究具有自主知识产权、更适合中国饲养特点的蛋种鸡。经过15年潜心育种，培育出京红1号、京粉1号、京粉2号、京白1号等4个具有自主知识产权的高产蛋鸡品种，占据全国40％的市场份额，助推蛋鸡成为我国唯一一个不受国外控制的畜禽品种。经过基础材料筛选、品系特征摸索、综合指数选育和遗传评估巩固四个阶段，峪口禽业蛋鸡育种迈入了分子精细育种阶段，跻身世界三大蛋鸡育种公司行列。

组织体系不断健全。京津冀蛋鸡种业的组织管理创新空间非常大，尤其是对国企传统体制下的体制改革和管理方式的创新。随着时代的发展，面对产业发展的需要，峪口禽业由国企体制改革至混合经济体制，符合复杂适应理论的自组织与他组织紧密结合的组织形态：在内部已经形成学习型组织结构，与外部的行业组织已经形成动态匹配相互适应的关系。因此，峪口禽业带动了蛋种鸡行业的发展，形成了不断适应环境、提升效率的组织体系，推动了京津冀蛋鸡种业协同创新共同体建设过程中组织方式的创新。峪口禽业建立研究院，根据市场需求，将蛋鸡品种创新前置，无缝对接科教机构，高效转化创新成果。基于全链条信息进行定向育种，促进蛋鸡品种的自主创新，提高源头创新和自主创新能力，不断缩差国际，提升蛋鸡品种的国际竞争力。

积极参与国家战略。随着峪口禽业参与国家"十三五"重大课题的创新和种业自主创新的专项，企业作为创新主体的影响力、行业带动力、体系的支配力会逐步增强，形成了以企业为创新主体、以自有品种为主的科技创新带动全产业链创新的自主创新体系，在国际蛋鸡种业领域形成了一定影响力。综上，以企业作为创新主体参与种业自主创新的模式越来越得到认可，产学研结合的蛋鸡种业自主创新体系建设进程将会加快。

（二）集成创新

建立产业集成创新组织。在企业主导、政府支持、科教参与下，京津冀三地科技管理部门相关领导、中国农业大学和京津冀地区优势科研院所的知名专家、北京大伟嘉生物技术股份有限公司等相关企业负责人，于 2016 年成立京津冀蛋鸡产业协同创新研究院，设有种鸡研究中心、环境设备中心、营养中心、健康管理中心、养殖管理中心、蛋品研究中心、大数据中心、产业经济中心，强调基于蛋鸡全产业链价值集成、消费者终极产品需求的定向育种研究、技术集成创新，以产业化为导向探索科研生产互动的新模式和新业态。

初步形成"峪口模式"。作为京津冀蛋鸡种业的引领企业，峪口禽业采取"公司＋家庭农场"的经营模式，依托流动蛋鸡超市，与蛋鸡产业链各环节主体合作，联合科教机构，共同解决养殖户从投入到生产再到卖出全过程的"痛点"，形成面向蛋鸡产业链的集成解决方案，使得养殖户足不出户就能养好鸡、卖好蛋，增强养殖户对品种的依存程度，形成以品种为控制力的产业链集成创新的模式。峪口禽业环节的集成匹配与组织管理能力较强，已经形成相对稳定且可复制的从品种、饲料、疫病控制、生态保护的集成创新模式。

引领京津冀的发展。峪口禽业将科技创新链有效分开，实现面向产业链下游的应用基础研究和产品创新的应用研究以企业为主、科教机构参与、政府支持，公益性、公共性的科学研究由科教机构主导、政府支持、服务于企业。正逐步由北京带动京津冀推广至全国，将来能够形成起到引领、带动作用的"峪口模式"。

（三）协同创新

龙头企业地位凸显。峪口禽业利用"互联网＋"的思维，不断进行商业模式、管理模式、经济模式的摸索，引领了行业的生产模式、服务模式、销售模式等行业模式，对行业的发展有着榜样和标准的作用。峪口禽业进行60％的面向生产及产业链的集成创新、服务创新等协同创新，利用信息技术手段，为全产业链主体的综合服务和专业服务，提升蛋鸡种业服务业态，已经成为京津冀的蛋鸡种业的平台型龙头，在蛋鸡种业和蛋鸡产业中起着关键作用。

平台生态已具雏形。峪口禽业不断进行国内区域的细分，与地方企业协同创新，既解决了蛋鸡的地方适应性又提升了蛋鸡的生产性能，不仅解决了各地区蛋鸡品种改良还能及时满足销售终端的需要，在各区域形成了一族一族的链条，进而形成了链群，最后形成了链网的协同创新生态。同时，峪口禽业广泛众筹、广泛分享，互相持股、互相监督，吸引更多的带链集群参与平台建设，打造了综合服务于蛋鸡种业的生态，不断对接和引入专业服务，努力打造高端服务的融合生态。峪口禽业正在依赖创新驱动体系，打造蛋鸡创业平台，进而形成孵化器，依托孵化器，更好地促进蛋鸡种业的创新，有利于京津冀蛋鸡种业服务业态的发展。

空间布局逐步优化。随着北京疏解非首都核心功能进程的加快，河北逐步成为蛋鸡企业的生产基地。峪口禽业正在以精准产业扶贫的形式在河北建立了两个基地，形成北京育种、河北生产、辐射全国的模式。以峪口禽业为代表的京津冀蛋鸡种业协同创新共同体建设打破了传统空间布局的概念。一方面响应北京"调结构、转方式"和非首都功能疏解的要求，另一方面充分利用了"互联网＋"的无限网络空间，使得线上、线下空间有机结合，使得北京的布局、京津冀的布局、全国的布局联动，不断调整优化，形成了面向全国的销售网络、服务网络和产业经营网络的基础和载体。

（四）体系创新

体系化服务模式形成。"服务"似水，是解决一切问题的关键。京津冀蛋鸡种业协同创新发展中，基于产业体系的"闭环增值"的"高端服务"是解决问题的关键。以蛋鸡种业为引动，面向全产业链形成平台生态圈，带动种业的知识经济、服务经济和产业链整体协同的增值，是京津冀协蛋鸡种业服务增值的关键。早在 2006 年的第四届中国蛋种鸡企业发展高层论坛上，峪口禽业与多家蛋种鸡企业就有这样的共识：行业联盟是保证行业健康发展的有效措施。

峪口禽业重点在京津冀乃至全国，建立核心群、拉动群和影响群的"三圈"蛋种鸡服务创新模式：核心群为 100 万套父母代鸡场，共享资源；拉动群为20％父母代市场，共享品牌；影响群为 20％父母代市场，共享信息。蛋种鸡的专业服务创新模式使得供雏数量和质量保证，进而全面提升京津冀区域蛋种鸡企业雏鸡质量、管理水平，以及面对疫情和市场风险的应变能力。

平台系统加快建设。峪口禽业契合"互联网＋"的时代要求，通过参股组建信息技术公司，努力打造面向养殖、防疫、饲料、鸡舍、技术、物流、销售等全链条的专业化服务和综合性服务平台，联合并带动更多京津冀蛋鸡企业参与，重组资源、重构价值，改变传统企业运营模式和销售模式，形成"以雏鸡为互联网门户，建立第三方交易服务平台，实现线上交易、线下服务"的京津冀蛋鸡种协同发展模式，建设世界上最大的蛋鸡"育繁推一体化"企业。"互联网＋蛋鸡种业"的智慧蛋鸡平台是不断突破临界值、走向精益化的过程。峪口禽业作为平台型龙头，在筹建线上平台信息＋线下服务主体的服务体系生态圈，拟建立财务业务、公司生产、产供销一体化的三大数据库，基于基础数据进行分类分析指导种鸡及产业链的生产运营，做到基于市场条件下的有机生产，力争实现基本的供需平衡，形成蛋鸡＋互联网的生产服务、链式服务、闭环服务体系，做到"低成本、低风险、高产出、高效率、高效益"。

创新驱动与高端服务加快融合。京津冀蛋鸡品种的科技创新链与面向生产的产业服务链，形成综合服务体系。智慧蛋鸡平台是京津冀蛋鸡种业龙头企业未来发展的新引擎和新动力，也是综合服务体系创新中的重要力量。利用互联网＋的手段和优势，结合京津冀蛋鸡种业的基础和优势，借助金融资本、社会资本、政策资本和信息枢纽，打造平台生态圈，能够影响蛋鸡行业发展的路径，加速京津冀蛋鸡种业的协同。因此，智慧蛋鸡平台能够引动更多相关主体的参与，将以京津冀为核心建设到全国，预计建设 300～400 个服务站，带动5 亿～6 亿只蛋鸡养殖，满足全国蛋品需求。

三、思路框架

按照"总结—设计—创构"的思路，开展京津冀蛋鸡种业协同创新共同体建设。充分挖掘已有的潜力，分析共同体建设的需求，找出与先进模式的差距；认清本质、总结规律、把握趋势，设计符合不同阶段特点的建设路径；依靠团队缩差，依靠联合超越，依靠集体升华，进行新模式创构。

京津冀蛋鸡种业协同创新共同体包括命运共同体、利益共同体、服务综合体、运作组合体和空间复合体等多种表现形式。利益命运共同体、运作组合体共同围绕服务综合体形成协同创新的共生界面、共生物质和共生能量，就形成了京津冀种业生产、生活和生态空间的复合体。

京津冀蛋鸡种业协同创新共同体的建设中，首先选择合适的空间复合体，具有建设条件的服务综合体，优化运作组合体，促成利益和命运共同体建设。其中，空间复合体为基础支撑，服务综合体起联通功能，运作组合体起经营作用，利益和命运共同体重在提升。京津冀蛋鸡种业协同创新中，空间复合体与服务综合体联系紧密，服务综合体与运作组合体联系紧密，运作组合体与利益命运共同体联系紧密。

（一）命运共同体

从命运共同体看，京津冀蛋鸡协同创新发展研究院、"互联网＋蛋种鸡"智慧蛋鸡平台，能够有效联动京津冀蛋鸡种业关联主体，以蛋鸡品种为控制力，不断以企业为主体提升自主创新、集成创新和服务创新能力，凝聚企业、科教、政府的国家使命感、民族责任感，共同突破和解决基于生活、生产、生态的蛋鸡种业与蛋鸡产业发展面临的挑战，进而实现提升国家蛋种鸡产业竞争力的愿景。

峪口禽业正在为国家蛋鸡种业如何引领、超越负起新的担当和责任，具有强烈的责任感和使命感，并引动智慧蛋鸡平台的主体提升格局和追求，促进平台国家使命感、行业责任感的氛围、体系和环境，逐步形成京津冀蛋鸡种业协同创新命运共同体。峪口禽业由蛋种鸡企业发展为蛋种鸡产业进而形成智慧蛋鸡平台的过程，是不断增强蛋鸡品种控制力、支配力进而影响力的过程，也是实现企业盈利由 3 亿元到 10 亿元进而带动百亿产业的过程。随着"智慧蛋鸡"的发展壮大，行业关联主体对峪口的认知度、依存度和满意度得以不断循环强化。

面对国际竞争日趋激烈、农业供给侧改革、蛋鸡种业迅速变化的新形势，以及京津冀协同发展的大战略背景，京津冀的蛋种鸡企业必须依据京、津、冀三地各自的资源要素优势，以及发展中的问题，推动三地蛋鸡种业协同创新发展。

（二）利益共同体

从利益共同体看，京津冀蛋鸡种业共享各种资源，组建行业联盟，形成统一的生产、销售联合体，可以在一定程度上保证行业内基本的供需平衡，避免同业之间的不正当竞争，减少行业的资源要素的浪费，促进关联主体的利益提升。同时，企业相互借鉴、相互依存、共同贡献，能全面提升京津冀蛋鸡种业的整体水平，从而保证行业健康发展。

峪口禽业加强与京、津、冀农民经济合作组织的合作，发展"产权式"农业经营模式，峪口禽业出资70％～90％，农民经济合作组织出资10％～30％，在原有养殖小区、废弃地和荒山坡上，建设养殖基地，由峪口禽业经营管理。农民通过农民经济合作组织，以资金、土地入股，获得分红，无业农民还可在养殖基地就业。通过这一经营模式，峪口禽业的规模得以迅速扩张，农民也随着企业发展致富，形成了利益共同体。

从蛋种鸡企业到蛋种鸡产业最终发展成智慧蛋鸡服务平台的成长路径，提高了蛋鸡种业的标准规范和协同性，为种业提质增效、价值增长和产业成长提供了巨大空间，因此也容易吸引京津冀主体参与和投资，使其愿意把资源要素和需求委托给组织平台，以提高创新而非博弈为目的，重构以平台生态圈为核心的京津冀蛋鸡种业利益共同体。

(三) 服务综合体

从服务综合体看，京津冀正逐渐形成以蛋种鸡企业为主，科教参与、政府支持，面向蛋种鸡全产业链的平台型龙头、链式集群和功能服务综合体，推动蛋种鸡产业链服务的专业化，提升产品和服务品质，有利于形成品种品牌、产品品牌、企业品牌和产业品牌，提升京津冀蛋鸡种业的品牌联动效应，带动京津冀蛋鸡种业的协同和发展。

峪口禽业为购买公司4A级蛋种雏鸡产品的京津冀及全国的农民养殖户提供全程服务，通过集中授课、专家巡访、联合服务等形式，转变农户传统养殖观念，提高农户养殖技术和解决实际生产问题的能力，还为其提供通过ISO9001-HACCP一体化质量体系认证的饲料，以及市场动态、疾病、管理、营销等信息。峪口禽业分层次的蛋鸡流动超市，以及面向全区域全产业链的服务体系较为成熟；家庭农场式的养殖模式，从企业内部推广到行业内部推广较为广泛，是能够与互联网＋平台公司的服务和创新相匹配的模式。峪口禽业利用"互联网＋蛋种鸡"的模式迅速做大做强平台和扩大影响力的同时，有利于促进产业链形成闭环，实现研发、饲料、疫苗、设备、科技、信息、人才、政策、金融等多要素的匹配、协同和融合。峪口禽业以参股信息科技公司为契机，加快建设京津冀蛋鸡种业智能智慧平台。

"互联网＋蛋种鸡"智慧蛋鸡平台能够推动培育蛋种鸡产业链新业态和商业模式，能够促进知识技能型劳动比重增大，优化京津冀蛋鸡种业的生产力结构，联动更多产业主体为产业发展提供现代专业化信息、技术、物流等服务，逐步形成面向全产业链的综合服务平台，逐步形成乘数效应和倍增机制，促进京津冀蛋鸡种业的协同发展。

（四）空间复合体

京津冀蛋鸡种业协同创新的空间复合体是指从生态、生产、生活角度城市与乡村的空间叠加。蛋鸡种业协同的城乡结合空间复合体中，乡村为城市生活提供鸡蛋供给，乡村为城市生活安排蛋鸡养殖，乡村基于生态优势的生产未破坏生态平衡，形成了基于生态、生产、生活的城乡互促模式，城市需求决定乡村供给，乡村又反作用于城市，相互作用过程中形成较好的氛围，达成了彼此的价值认同，易于形成社会效益、经济效益和生态效益。

峪口禽业以北京为核心带动峪口模式在京津冀乃至全国跨领域空间的复制和推广，将科技、资金、政策、信息、人才等要素聚集，并在空间上复制和推广的一种网络化的模式。受北京农业"调转节"和首都非核心功能的影响，基于智慧蛋鸡平台的建设，峪口禽业打破了传统的地理空间，以产业扶贫为抓手，逐步走出北京，重点在京津冀进行布局部署，形成了城乡友好互促的态势，向全国拓展建设蛋种鸡基地并进行服务辐射，将线上无限空间和线下有限空间进行了有机结合。

新时代战略背景下，京津冀蛋鸡种业资源要素重配、种业价值重组、产业能力重建过程中，峪口禽业智慧蛋鸡平台在京津冀区域的高效生产、高质生活、高效生态"三生"空间复合体特征较为明显。

（五）运作组合体

京津冀蛋鸡种业的协同发展，需要市场主导、企业运作、科教参与、政府支持多个主体共同参与才能完成，每个独立的主体都难以独自完成这一宏观的区域发展、产业发展的目标。蛋种鸡企业利用京津冀蛋鸡种业协同发展的平台，与其他企业优势互补，共同学习创新，共同运作共同建设，才能更快地促进区域和产业的发展。

峪口禽业蛋种鸡产业链以企业为投资运作主体，对蛋种鸡产业链的不同业务板块开展组合拆分运作，围绕关键品种（京红、京粉、京白系列蛋鸡品种）的研发创新业务进行集中投入，吸引社会资本、金融机构、科教院所、配套服务主体参与"智慧蛋鸡"平台建设，引导共同体主体敏捷开发、快速调整应对时代变革、产业变化带来的机遇和挑战。

开展学习型组织、服务型管理和商业模式创新的有效实践，依据终极市场需求和终极客户需要开发价值空间，不断进行业务组合和主体联合高效实现价值，是有效推动京津冀蛋鸡种业运作组合体建设和投资运营的关键。

四、路径机制

京津冀蛋鸡种业协同创新的高级组织形态——"共同体"形成中，良好的机制设计是共同体长期有效运转的关键，其中权力信息匹配机制、能力利益匹配机制、责任目标匹配机制、调优决策机制是共同体拥有一致认同的理念思路、体制制度、氛围环境的关键。

（一）调优决策机制

"互联网＋蛋种鸡"智慧蛋鸡服务平台，依靠数据分析的信息服务，能够基于全产业链价值协同调优局部链条环节的产品、服务的生产规模，形成以需求确定供给蛋种鸡和配套服务的品类、数量、品质，优化物流的布局和组合搭配，促成供需精准匹配、优化物流布局，有助于蛋鸡种业链和蛋鸡产业链各环节基于整体的局部的优化决策，反过来更促进蛋鸡种业整体的提升。以国家种业竞争力提升战略决策中的体制机制变革为动力，着力强化企业在种业自主创新中的地位，发挥企业在种业创新链、价值链和产业链循环增值中的决策作用，增强企业对我国蛋鸡种业国际竞争力的贡献。

（二）责任目标机制

无论是京津冀蛋鸡协同发展研究院还是智慧蛋鸡综合服务平台，从公共性、公益性、商业性等不同角度参与的政府、科教、企业三类主体，能够形成良性循环，促进各主体完成各自的目标，有利于各主体承担产业发展、国家振兴更大的责任，实现更宏伟的目标，提升蛋鸡种业政策、科技、信息、人才、金融服务水平，长期有效地促进京津冀蛋鸡种业的协同创新发展。以国家种业竞争力提升战略决策中的体制机制变革为动力，重视种业自主创新、集成创新、协同创新绩效考核体系的建设，推动企业与科教机构的结合、融合和跨越协同创新，重视多方主体协同在国家竞争力目标实现过程中的条件积累。

（三）权力信息机制

峪口禽业"互联网＋蛋种鸡"线上智慧蛋鸡综合服务平台的建设，能够联动蛋鸡种业链和产业链配套服务的主体，形成完备的蛋鸡种业链条信息，利用"信息服务"促进蛋种鸡企业、蛋鸡企业自身优势不断提升，能够担当行业更高的位置，为平台提供更高端的信息。平台能够基于全链条信息提供更高端的服务，使得峪口禽业的智慧蛋鸡综合服务平台在京津冀乃至全国具有更高的地位和权力，获得更高等级的信息惠及平台主体。支持平台发展的政府责任主体和科教主体，能够伴随平台的发展而不断提升自己的地位和权力，获得更高层面的信息惠及平台，进一步提高作为创新主体的企业在国家种业自主创新战略中的话语权，充分重视理念思路、政策法规和氛围环境的作用，建立信息共享、资源共享和平台共建的机制。

（四）能力利益机制

京津冀种业协同创新发展共同体建设过程中，无论是蛋种鸡行业联盟、蛋鸡智慧综合服务平台，还是京津冀蛋鸡协同发展研究院，企业主体都是以圈链的形式联合在一起，能够靠团队缩差、依靠联合超越、依靠集体升华，不断提升蛋鸡企业、团队、集体的能力，能够共同降低风险、降低成本、提升效率、对接机会，提升承担任务的层次，获得更高层次的利益，形成良性循环的能力利益机制，促进蛋种鸡联盟、服务平台、协同发展研究院的整体能力提升，更好地承担京津冀蛋种鸡协同创新发展的使命，获得更高级别的利益。京津冀蛋鸡种业的协同创新发展，以博弈、演化、共生为主线，开展京津冀蛋鸡种业自主创新模式创构，针对性地设计种业自主创新能力提升过程中的激励机制和利益分配机制，实现多主体参与的协同创新利益协同增长。

五、要素配置

京津冀种业协同创新共同体建设中，创新非常重要，因而科技要素是关键的。农业现代化过程中，共同体建设的目标是智能化、智慧化。信息、金融、科技要素有利于智能化建设，其中信息要素是基础，带有公共性；金融要素带有结合性。政策、人才、科技要素有利于智慧化建设，其中政策要素是支撑，具有公益性；人才要素具有结合性；智能、智慧具有融合性。五个产业要素逻辑结构关系见图7-5。

京津冀蛋鸡种业协同创新共同体建设，需要以高精尖科技要素为引领，以信息、政策、金融、人才要素服务不断进行价值放大，并不断实现智能化、智慧化的目标。

（一）科技要素

京津冀蛋鸡种业现代化进程中，蛋鸡品种的自主创新需要企业主导、科教参与、政府支持，蛋鸡种业链的集成创新需要跨环节的集成技术解决方案，面

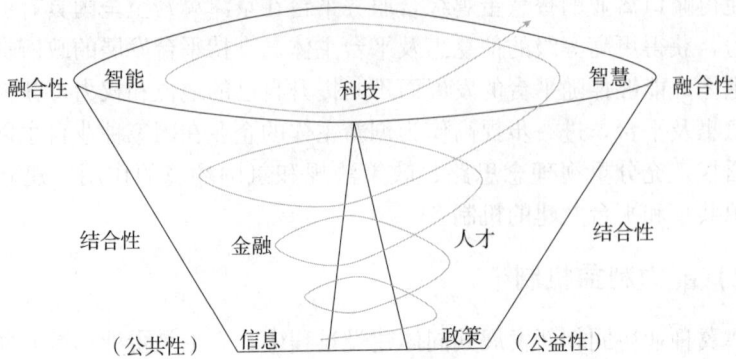

图 7-5 峪口禽业要素配置的解读框架

向蛋鸡种业链与产业链联通的协同创新需要现代化信息技术的整合能力。

政府支持下，2012 年 10 月 26 日，峪口禽业在成功申请北京市蛋鸡工程技术研究中心的基础上，成立了企业主办的研究机构——峪口禽业研究院，系统解决蛋鸡产业"育、繁、扩、推"，以及服务增值环节的关键技术问题。根据企业研发实践经验，结合蛋鸡企业运作的特点，研究院全面对接中国农业大学、扬州大学、四川农业大学、哈尔滨兽医研究所、华中农业大学和中国农业科学院等科研院所，并由博士领衔统筹管理，建立了 10 个功能研究室和 5 个创新研究室。15 个研究室主任均由研究生担任，导师是由具有丰富实践经验的专家担任，形成了覆盖蛋鸡全产业链的研发型团队。

峪口禽业研究院的成立，能够形成科教基地，使得各地区专家、各产业环节专家参与其中，互相交叉融合中会产生相互的价值认同，就会形成彼此之间的心照不宣的默契，即量子纠缠的结构一致性。在彼此价值认同的基础上，能够进行 360°的评估和考核各自的价值贡献，进行公平、公正的参与主体收益的分配，进一步促进彼此之间的依存、认同和贡献，形成良好的体制、机制和组织，具有良好的氛围、体系和环境，促进共生能量、共生价值和共生利益的形成，能够打造长效良性循环的平衡生态。峪口禽业研究院与中国农业大学、中国农业科学院等形成常态化的合作研发、交流机制，与养殖区域的科研院所对接，形成了覆盖全产业链的研发合作团队，提升自主知识产权新品种蛋种鸡的育种与研发，并组建信息平台开发团队，继续强化公司年销售收入 5%以上研发创新投入力度，完善科技创新的激励机制和投入体制，有力地促进"互联网＋蛋种鸡"智慧蛋鸡综合服务平台的建设。

有效促进科教机构与企业的互动研发，形成市场主体主导、科研能力共建、政府支持鼓励，并激励科技的集成及信息手段与产业的融合，是推动京津冀种业协同创新发展的关键。

（二）人才要素

京津冀蛋鸡种业逐步发展中对人才的需求量大幅度增加，推动京津冀蛋鸡种业智能、智慧化的进程中对高层次的复合、综合、跨界人才的需求日益增加。

峪口禽业于 2011 年 6 月 16 日，建立了蛋鸡行业第一所企业大学——峪口禽业大学。一方面，通过管理学院的精英培训，将传统农民培养成为有文化、懂技术、会经营的产业工人；另一方面，通过推广健康养殖技术，实现行业成果的快速、有效转化。在品种培育的同时，峪口禽业还延伸产业链条，打通农民与市场的联系，在各地进行"地毯式"技术培训，在全国建立服务站点。

面向产业的峪口禽业大学，在完成产业服务宗旨的同时，也为技术口径的员工打开了职业通道。通常，技术等级越高越难以获得，技术人员的职业瓶颈就会出现。根据马斯洛需求层次理论，这时技术人员的认同感和成就感就会缺失，导致员工的退步，从而进一步使得员工失去尊重感和归属感。峪口禽业大学为这些技术人员拓宽了职业通道，技术人员可以在大学担任职务进行技术指导、技术培训等技术服务，重新获得认同感和成就感，从而不断提升自我能力，进而可从事管理运营工作。"技术→服务→经营管理"的职业通道，延伸了员工的职业生涯，提升了企业和平台的人才水平，更有利于企业和平台吸引更优秀的人才，同时有需要的企业也会到平台进行学习提升人才水平。峪口禽业人员职业通道见图 7-6。

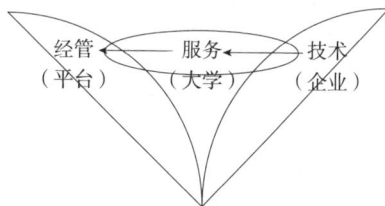

图 7-6　峪口禽业人才职业通道示意图

京津冀蛋鸡种业全链的平台共同体建设过程中，有智慧的主体能够制定规则、协议，形成契约，有牵头起支配作用的主体，有并跑起控制作用的主体，以及追赶起影响作用的主体，有利于形成以主体为核心的信息和创新的活跃度，形成价值链的梯次分工。梯队人才团队的建设中，京津冀蛋鸡种业协同创新发展共同体需要瞄准行业领军人才、骨干人才和优秀人才，持续优化人才成长环境，拓宽人才增值渠道，增强人才的薪酬竞争力和行业吸引力，激活蛋种鸡产业人才链。

（三）信息要素

京津冀蛋鸡种业的现代化、智慧化，主要依赖于"信息服务"。高效、完备、对称、闭环的信息，使得蛋鸡种业链和蛋鸡产业链更加衔接、匹配、协同，大大促进价值链的提升。

峪口禽业于 2014 年 9 月 5 日，与全球最大的企业管理软件提供商——SAP 中国有限公司，国内最早通过软件能力成熟度集成 5 级认证的软件企业——东华博雅软件有限公司，签署战略合作协议，启动"智慧蛋鸡业"项目。项目将依托峪口禽业世界最大蛋鸡"育繁推一体化"企业的实力，SAP 公司世界 500 强背后管理大师的经验，东华博雅计算机信息系统集成优势，共同开发覆盖蛋鸡全产业链的信息管理平台。该平台建设一方面要解决企业信息孤岛、优化业务流程、提升协同效率，实现基础数据标准化、财务业务一体化、生产经营效能化、管理分析智能化。通过搭建企业云平台，结合 ERP 核心业务系统，运用移动应用与商务智能分析，对峪口禽业原有的运营模式、业务流程等进行优化改善，实现记录清楚、分类清楚、分析清楚、指导清楚，提高峪口禽业经营决策水平，打造世界最具实力的育种公司、饲养公司和食品公司。一方面，构建蛋鸡全产业链大数据平台，通过行业解决方案的推广，与科研院所、政府机构对接，为科研工作和政策出台提供数据支撑，并在蛋鸡行业乃至整个畜牧业起到示范推广作用，使蛋鸡行业朝着智慧化的方向发展。

峪口禽业依托智慧蛋鸡平台、流动蛋鸡服务超市，建设"总部平台—服务点—产业基地—养殖基地"等多层次蛋种鸡信息服务体系，提高蛋种鸡推广的精准性和可靠性，使得全链条环节信息透明，撬动金融服务等多种要素服务主体的进入，加速平台的建设和发展。峪口禽业形成了"企业＋链条＋平台"的生态，增加了信息的及时性、有效性、透明性、完备性、对称性，有利于规避靠关系抑制创新、扰乱市场秩序的状况，促进基于信息的多元创新生态，以创新驱动蛋鸡种业的发展。

京津冀蛋鸡种业协同创新共同体的建设，"信息"是关键要素，能够降低蛋鸡种业的不确定性、减少风险，使得依托高端服务和社会化服务体系建设，延伸拓展蛋种鸡服务链，带动创新链增值。"信息"是京津冀种业协同创新发展的关键，是共同体中各主体互相依存、认同、贡献的内在驱动要素。

（四）金融要素

蛋鸡种业的发展，需要大量资金的支持，投融资是关键因素。随着信息服务、科技服务的提升，蛋鸡种业的过程环节逐渐清晰，金融要素对蛋种鸡产业的服务也会逐渐进入。

1999 年，峪口禽业被确定为北京市 190 家国有企业改制试点单位，进行投资体制的改革，建立了国有、职工持股会和社会自然人持股的多元投资体制。投资体制改革让企业形成了"产权清晰、责权明确、政企分开、管理科学"的法人治理结构。企业成为市场经济的主体，形成了高效的组织体系、灵活的管理模式和全民参与的创新机制，实现了企业管理对市场、战略的快速反应，推动企业快速发展，打造了"峪口蛋鸡"中国蛋鸡第一品牌。2002年，公司进行第二次改革，实施了"经理人购股"，公司真正成为市场运作的主体，加速促进了公司的发展，带动了产业的发展。

投资体制的改革，降低了峪口禽业利用资本的成本，促进多元化多层次资本的注入，降低了风险，形成了规模效应，促进了企业的成本节约、规模适度、风险合理的发展格局。峪口禽业"企业＋产业链＋平台"的高级组织形式，其信息完备性和对称性都好，风险较小，信用高，容易与金融要素结合（张国志等，2017）。峪口禽业的"互联网＋蛋种鸡"智慧蛋鸡综合服务平台系统一旦形成，则将促进政府专项资金进入支持蛋种鸡行业性公益平台的建设，能够吸引社会上较大的基金介入、参与投资，形成"公益投资＋公共投资＋商业投资"的混合资本，加速平台系统的开发建设，进而带动企业上市，助力企业真正走向国际化。

建设面向蛋种鸡产业链关键环节的风险识别系统和基金投资体系，增加机会收益和风险收益，降低机会损失和风险损失，吸引金融资本参与平台生态圈建设。企业组织资本、政府政策资本、社会资本共促京津冀蛋鸡种业协同创新共同体的建设。

（五）政策要素

蛋鸡品种对蛋鸡产业的国际竞争力提升有着重大影响。蛋鸡品种繁育周期长，投资较大，带有区域和国家的公共性、公益性，急需政府的支持，促进更多主体参与降低风险和成本。

峪口禽业积极响应国家精准扶贫的号召，对接河北产业精准扶贫的相关政策，支持在河北贫困县地区建设蛋种鸡基地，形成科技创新引领产业扶贫开发的新模式。峪口禽业积极参与国家农业种业科技攻关项目，努力发挥市场创新主体的作用，踊跃展开蛋鸡种业公益性、基础性的研究。峪口禽业作为龙头企业，在政府政策支持下，打造产业平台生态，建立高级组织生态，为行业提供公共服务，促进产业整体水平的提升。

以峪口禽业为载体和抓手，京津冀三地政府联动共同推进，制定促进和激励三地协同发展的政策，设立跨区域的专项资金支持，科学合理地设定三地的政策实施考核机制，规避"挤出效应""劣币驱逐良币"等投机、寻租行为，利用公共服务提升政策的透明性、公开性、公正性，促进三地蛋鸡种业的协同创新，引领我国健康蛋鸡种业市场秩序的形成，提升蛋鸡种业国际竞争力。

第八章 京津冀水产种业共同体建设的战略思考
——以冷水鱼和观赏鱼种业协同创新为例

水产种业作为渔业产业链的源头，是渔业战略性、基础性的核心产业。半个多世纪以来，我国水产品种培育和苗种生产得到快速发展，为我国率先实现渔业从"以捕为主"向"以养为主"转变，跃升和稳居世界第一水产养殖大国提供了有力支撑。随着工业化、城镇化的进程加快，渔业发展空间和资源环境的刚性约束日益突出，未来提高渔业可持续发展能力，关键在于水产种业的创新。

京津冀水产种业，肩负着"生态环境与渔业种质资源保护，提高水产品市场供应数量、质量和结构安全，整体提升渔业国际核心竞争力"等重任，是推动三地现代农业协同发展及供给侧结构改革的一个重要抓手。目前，京津冀水产种业创新，受到"发展理念相对落后、目标利益矛盾冲突、环境条件制约剧增"等方面影响，导致创新链各环节链接不紧密，脱节和错位现象严重，与信息链、金融链、人才链和政策链等融合不深，创新成本攀升、创新效率不高及增值幅度不大，急需建立共同体，整体促进京津冀水产种业的创新发展。

本章节，以京津冀在全国具有优势特色的冷水鱼和观赏鱼种业为研究对象，重点围绕着"四创""五体""五要素"等共同体建设的关键要项，在文献查阅、专家访谈、实际调研、问题深究和案例剖析的基础上，运用复杂适应理论、协同论和共生理论等，系统开展京津冀水产种业共同体建设的战略分析。

一、创新实践

（一）水产种业协同创新的产业基础

京津冀三地水产种业及现代渔业发展具有一定的产业基础和优势特色。北京市主要围绕籽种渔业、设施渔业、观赏渔业、生态渔业、休闲渔业发展水产种业；天津市主要围绕名优鱼虾精养业、观赏渔业、休闲渔业等发展水产种业；河北省主要围绕现代渔业"三大产业带"和"八大基地"发展水产种业（包括冷水鱼和观赏鱼种业）。三地水产种业及现代渔业发展基础，可为京津冀水产种业共同体建设提供有效载体（表 8-1 至表 8-3）。

表 8-1　北京市水产种业发展的基础现状

要项	具体发展现状
种质资源	冷水鱼和观赏鱼是北京渔业发展的主导产业。目前，北京水产种业主要有 3 大类别：①以鲟、鲑鳟为主的冷水鱼类；②以金鱼、锦鲤为主的观赏鱼类；③以龟鳖、罗非鱼为主的其他小品种。其中，冷水鱼（鲟、虹鳟、鬼鲑）、观赏鱼业，在亲鱼种群数量、质量、养殖技术等方面具有明显优势，对全国鲟产业的兴起和快速发展发挥了重要的引领作用。北京鲟种苗的年产量约占全国产量在 60% 以上，已成为我国鲟种苗供应的主要产地，年可繁育鲟种苗 5 000 万尾以上。鲟和虹鳟苗种销售到湖北、广东、新疆、四川等 20 余个省份。北京市观赏鱼养殖面积占全国观赏鱼养殖面积的 16%，是全国北方地区最大的观赏鱼养殖基地
育繁体系	北京市水产种业起步于 20 世纪末，经过近 20 年的发展，实现了水产种业从无到有的跨越式发展。"十二五"期间北京市从事水产苗种生产的企业从 2010 年的 34 家，增加到 2013 年的 46 家，其中，国家级水产原良种场 3 家，市级水产良种场 10 家，苗种繁育场 33 家。其中，鲟鳇鱼种苗场 15 家，鲑鳟鱼种苗场 6 家，观赏鱼种苗场 17 家，以龟鳖类为主体的小品种水产种苗场 9 家。2013 年，46 家养殖企业拥有固定资产 4.9 亿元，职工人数为 736 人，其中技术人员占职工总数的 24.18%。"十二五"末，已建成冷水鱼和观赏鱼等优质种苗规模化生产基地 60 家
空间分布	北京市水产主要集中在朝阳区、怀柔区和通州区，种鱼苗产量占全市种鱼苗总产量的 99%。怀柔区是具有冷水资源的鲟、鲑鳟苗种生产区，通州区、朝阳区是观赏鱼苗种生产区。此外，昌平区是具有热水资源的罗非鱼、彩虹鲷苗种生产区，其他区的良种场以生产鲤、鲫等常规养殖品种的苗种为主。基本形成了四大种鱼苗产业带，即京东观赏鱼种苗产业带，京北鲟、虹鳟等名优鱼种苗产业带，京南鲟鱼种苗产业带，北部近郊区县罗非鱼种苗产业带
未来发展	以培育水产苗种企业为重点，采取"两头在内，中间在外"的水产种业发展模式。借助首都北京科技资源优势、山区的自然条件优势，苗种繁育和市场在京内，亲鱼培育、养殖和选育在外，以大型水产种业龙头企业为主导，跨区建立完整的水产种业创新链条、产业链条和技术链条

从表 8-1 可以看出，北京的冷水鱼和观赏鱼在京津冀乃至全国具有绝对优势，两大鱼类在种质资源保护、良种培育、籽种育繁和种苗推广等方面，实力雄厚。京津冀水产种业共同体建设，可在冷水鱼和观赏鱼种业新方面发挥作用。同时，首都北京是全国科技创新中心的优势，对京津冀水产种业的自主创新、集成创新、协同创新和体系创新能够起到引领、示范和带动的作用。

表 8-2　天津市水产种业发展的基础现状

要项	具体发展现状
种质资源	天津市拥有丰富的渔业种质资源，现有经过国家审定的新品种及良种 9 个。三大优势产业籽种业发展规模较大。①观赏鱼 2013 年全市各类观赏鱼苗产量近 6.4 亿尾，产值 5 亿元，已成为天津渔业发展的新亮点。养殖品种主要包括金鱼、锦鲤、热带观赏鱼等三大类 100 多个品种。②南美白对虾，南美白对虾于 2000 年被批量化引进天津，2013 年种苗生产 115 亿尾。目前全市养殖面积达到 2.27 万公顷，超过全市水产养殖面积的一半，产量 5.8 万吨，产值约 29 亿元，成为推动市渔业经济快速增长、渔民收入大幅度增加的支柱性产业。③鲤科鱼类，近几年，年生产超级鲤、黄金鲫等优良苗种 60 多亿尾，销往全国 29 个省份，产生养殖效益 300 多亿元
育繁体系	水产种业及籽种育繁，具备良好的科技创新基础。目前，天津市经国家审定的国家级原良种场有天津市渤海水产资源增殖站梭鱼原种场、天津市换新水产良种场淡水鱼良种场 2 个，经农业部批准建设的良种场有天津市诺恩水产技术发展有限公司（花鲈原种场）、天津神堂水产育苗养殖有限公司等 6 个；从事水产遗传育种理论和技术研究的机构主要有天津市水产研究所和天津农学院水产系，基本形成了一支涉及海淡水育种，基础、应用相结合的研究队伍
空间布局	目前，天津市全市共建设优势水产品养殖示范园 55 个，在这些示范园区的带动下，各区县形成了各具特色的产业结构布局，渔业及种业发展呈现明显的区域分布和协调发展局面。紧邻中心城区的环城四区形成了以休闲垂钓、观赏鱼养殖、种源渔业为主的现代渔业体系。滨海新区具有较大面积的浅海滩涂，适合滩涂贝类增殖和海珍品养殖，已形成以设施渔业和增殖渔业为主的现代渔业体系。宝坻、静海、宁河、武清、蓟县五区县养殖水域面积广阔，已形成以大面积池塘生态渔业为主的淡水产品供应基地；此外，宝坻区拥有大面积水稻种植区，建立起"稻—蟹""稻—渔"等种养殖模式，成为天津立体生态特色渔业发展的重点区域
未来发展	加强原良种繁育技术体系建设，围绕主要养殖种类，集成、创制、应用新技术、新材料，培育优质高产新品种及名特优新品种。积极引进国内外优良新品种，开展繁育攻关，丰富养殖品种。推动原良种场产学研相结合及自主创新，向繁育推一体化方向发展，形成配套完善的生产体系

　　从表 8-2 可以看出，天津市在发展热带观赏鱼种业方面具有较强的优势。在良种育繁及种苗扩繁和生产等方面，国家级和省市级原种场、良种场及其繁育基地数量多、规模大，各类优良品种育种繁育体系比较完善。同时，天津市优势水产品养殖示范园区发展的起步高、数量多、规模大，以及技术实力和经济实力都非常雄厚。在京津冀水产种业协同创新共同体建设上，可在水产种业科技园区（园区为平台）建设、工厂化智能化育种育苗等集成创新等方面发挥作用。

表 8-3　河北省水产种业发展的基础现状

要项	具体发展现状
种质资源	河北省在淡水养殖方面，品种资源比较丰富，主要包括鲤科（建鲤、锦鲤、湘云鲤、镜鲤、鲫、异育银鲫、彭泽鲫等）；鲈形目（加州鲈、花鲈、杂交条纹鲈、淡水石斑鱼等）；鲇形目（鲇、黄颡鱼、斑点叉尾鮰、南方大口鲇等）；虾、蟹类（淡水青虾、罗氏沼虾、河蟹等）；爬行与两栖类（中华鳖、美国牛蛙、牛蛙）；热带鱼类（尼罗罗非鱼、澳大利亚罗非鱼、吉富罗非鱼、我国台湾罗非鱼、彩色红鲷等）；冷水鱼类（施氏鲟、杂交鲟、小体鲟、闪光鲟、匙吻鲟等）；鲑形鱼类（虹鳟、金鳟、北极红点鲑、细鳞鲑等）；小型鱼类（大银鱼、小银鱼、池沼公鱼、香鱼、泥鳅），但从目前看来，还没有形成一个代表河北优势特色、在区域和全国比较知名的品种
育繁体系	"十二五"以来，河北渔业科研条件建设得到加强，现代渔业技术创新体系不断健全，科技协作改革机制逐步建立，人才队伍建设不断加强，渔业科技支撑能力得到巩固和提高。目前，在 3 个国家现代产业技术体系综合试验站的基础上，建设了 2 个省级现代渔业产业技术体系专家创新团队。创建国家级水产原良种场 2 家，省级水产原良种场 10 家，全国现代渔业种业示范场 3 家，省级以上水产原良种场总数达到 32 家。在水产新品种引进推广、良种繁育、病害防治、生态健康养殖、工厂化循环水养殖、资源养护修复等方面取得了一大批重点科技成果
空间布局	"十三五"，河北省主要围绕现代渔业"三大产业带"和"八大基地"的建设，重点发展特色高端、高附加值水产种业。三大产业带，即沿海出口优势水产品养殖带、山坝区生态型水产养殖带、城市周边休闲型水产养殖带（包括观赏鱼）；八大产业基地，即对虾养殖基地、贝类养殖基地、梭子蟹养殖和盐碱地渔业开发基地、河鲀等名贵鱼养殖基地、冷水鱼类和甲鱼养殖基地、大水面增养殖渔业基地、生物饵料养殖加工基地、休闲渔业养殖基地等
未来发展	河北省水产种业及现代渔业未来发展，重点围绕着"三大产业带"和"八大基地"的建设，其中：秦唐沧沿海以对虾、河鲀、鲆鲽类、扇贝、滩贝、海参等海水主养品种为主；冀中和冀南地区以家鱼和名特优鱼类为主，"两山"地区以甲鱼和冷水鱼为主；环京津和省会周边以发展观赏鱼为主。逐步建设成规模化、上档次的省级良繁基地 30 处，大力开展选育技术攻关，做好原种保种、良种选育、提纯复壮及优质苗种扩繁等工作，将苗种生产能力提高到 500 亿单位以上

从表 8-3 可以看出，河北水产种质资源比较丰富，涉及水产养殖的水域范围比较广，对京津冀大都市水产品供应的数量和种类较多。特别是近些年，河北省不断加强现代渔业"三大产业带"和"八大基地"建设，为北京和天津水产种业创新链与产业链的延伸提供了很大发展空间。同时，河北水产种业在科技创新水平和能力等方面与京津两极还有很大的差距，可以借助京津两极水产种业创新链和产业链的延伸发展，提升本省水产种业的科技创新水平和能力。

（二）水产种业协同创新的科技支撑

京津冀三地在冷水鱼和观赏鱼种业"自主创新、集成创新、协同创新、体系创新"等方面有一定的基础和优势，也积累了诸多的科技创新成果和丰富经验，但从京津冀三地冷水鱼和观赏鱼种业的发展历史和目前来看，这些科技成果和成功经验主要是来自三地的大学科研院所、工程技术研究中心、相关产业技术体系创新团队。水产种业企业创新的动力和能力不强，严重制约了产学研用的合作机制建立和水产种业的体系化创新，以及"育繁推一体化"和产业化。京津冀水产种业创新的基础状况见表 8-4。

表 8-4　京津冀水产种业创新的基础状况

要项	基础状况
自主创新	冷水鱼：京津冀三地从事冷水鱼种业科技创新的领军力量是北京市水产研究所。北京市水产科学研究所从 1996 年开始鲟繁育及养殖技术的研究与推广，经过多年对鲟鱼业的培育与发展，在小汤山、延庆玉渡山、房山十渡、良乡、河北滦平等地建立了多个良种繁育和种苗生产基地，以及相关技术试验示范基地，引领带动北京各区县发展鲟鳇鱼种苗场 15 家、鲑鳟鱼种苗场 6 家。目前，研究鲟鱼种质资源保护、优良品种育种及种苗繁育、二倍体和三倍体杂交改良、增养殖和营养与病害防等自主创新方面，依然处于国际先进、国内领先的地位。未来较长一段时间，北京市水产研究所在鲟繁育及配套技术研究领域，依然占有主导地位，对京津冀鲟业协同创新起到支撑和引领带动作用 观赏鱼：京津冀在观赏鱼优良品种选育、育繁、种苗生产和养殖等技术创新方面在全国具有一定的基础优势，集聚了很多的科技创新资源，形成了诸多的科技创新成果。在研发方面，拥有北京市水产科学研究所和北京市通州区鑫淼观赏鱼养殖中心（又称北京市通州区鑫淼水产总公司）等国内比较著名的科研单位及科技企业；天津市拥有天津市水产科学研究所、天津市观赏鱼技术工程中心、天津农学院水产学院和天津市里自沽农工商实业总公司等科研单位及科技企业；河北省拥有河北农业大学海洋学院等。这些科研单位及科技企业，在观赏鱼优良品种选育、育繁、种苗及鱼苗生产和养殖，观赏鱼疾病防治、质量检测、品种鉴定，以及鱼苗远程运输、包装和保活等关键技术创新方面均有重大的创新突破
集成创新	冷水鱼：鲟种业集成创新，主要表现在"优良品种育繁各阶段，养殖及疾病防控、饵料营养及投放饲喂、水环境控制和循环利用及净水、养殖设施工程技术和种苗物流"等技术集成应用方面。目前，北京鲟鲑鳟创新团队在这方面处于领先和主导地位。该团队成立于 2012 年，是基于整合首都渔业科技资源，凝聚各方渔业科技力量，促进都市渔业发展的一个重要平台。经过几年的建设与发展，建立实验示范场 10 余家，研发集成创新新技术几十余项，应用规模近 2 000 万尾，在"提高鲟和鲑鳟繁殖、养殖、饲料营养、安全等技术水平和综合效益水平"等方面积累了丰富的经验，建立起了一支实力强、领域广、人才全的技术集成创新队伍 观赏鱼：观赏渔业是集优特品种选育、种苗繁育及鱼苗生产和养殖、疾病防治、观赏鱼饲料、水族器材、观赏鱼销售、包装运输、观赏鱼文化等要素为一体的产业，在产业及产业链发展过程中需要技术集成创新。目前，主要的技术集成创新力量大多集中在科研院所、创新团队、繁育中心、工程技术中心和试验示范基地等。从三地观赏渔业的发展历史和目前来看，以科教机构为主导的技术集成创新对产业的发展起到决定性作用，企业虽然在品种繁育、种苗及育苗生产和养殖、水循环、鱼病防治、饲料配方等方面的技术集成创新有一定经验，但为避免同行竞争，大多企业不会把技术集成创新的经验向同行传授，从而导致产学研结合的机制无法建立

（续）

要项	基础状况
协同创新	冷水鱼：北京特殊的地理区位和气候环境，适宜鲟、鲑鳟的繁育和养殖，同时在鲟鱼繁育与养殖等方面聚集了丰厚的科技创新要素资源，吸引河北及全国很多的科研机构或企业来京开展鲟、鲑鳟的人工繁育、养殖、饲料营养、病害防治等技术的研究工作。目前，北京地区拥有国家级史氏鲟原种场、国家级鲟良种场和北京市级的鲑鳟良种场，以及北京北水华通鲟鱼繁育有限责任公司等为代表的多个鲟、虹鳟、鲑鳟养殖繁育龙头企业，储备有大量的亲本。在促进种业及养殖业可持续发展上，都有"改善鲟养殖环境、保护优良种质资源、抑制良种退化和防治多发鱼病、提高品种质量和综合效益"等共同需求。这些共性的需求和问题，需要政府渔业部门、大学科研院所、良种场和繁育场及养殖繁育龙头企业等主体联合去攻关。目前，政产学研用合作机制还没有建立，急需建立相关的协同创新共同体来解决和突破 观赏鱼：随着"京津冀协同发展国家战略"的深入实施，首都北京非核心功能的疏解，环首都现代农业科技示范带建设的不断推进，也为京津冀三地观赏鱼种业及渔业协同发展带来了重大的机遇。2016 年 12 月，三地联合签署了《京津冀渔业协同发展合作框架协议》，参加"协议"签署的相关主体包括全国水产推广总站、北京市农业委员会，以及河北省农业厅、河北省农业工作办公室、北京市农业局和天津市农业委员会水产办公室等。通过"协议"的签署，三地在推进渔业产业协同发展、强化生态文明建设、增进渔业科技交流、加强疫病联防联控、实现渔业信息共享和组织产销衔接活动等方面将展开合作，为三地渔业协同发展提出了系统框架，同时也为观赏鱼种业协同创新创造了有利的条件。但从目前来看，三地在观赏鱼种业及渔业协同创新方面，缺少合作的载体，如观赏鱼种业及渔业关键技术的联合攻关、跨三地的联合育种中心、科技创新综合服务平台等
体系创新	冷水鱼：京津冀三地在水产或渔业体系建设方面都有政府所属的"技术推广站"作为基础支撑。北京市水产技术推广站，目前就拥有从事科技推广及服务的人才队伍 65 人（拥有博士生 2 人、研究生 12 人；拥有专业技术人员 45 人，其中，研究员 2 人、高级工程师 11 人、工程师 20 人），集实用技术推广、技术培训、水生动物检疫检测、鱼病防治、水产品质量检测及渔业环境监测工作等多个职能于一体。天津市十二个区县均有水产技术推广站，河北省拥有 12 个市级水产技术推广站，这些推广站也都聚集了大量的从事水产科技推广及服务的人才。三地各类水产协会或渔业协会聚集的从事水产科技推广及服务的人才，是一个很大的群体，水产种业共同体建设如果能够联合三地水产技术推广站，将是一股很强大的科技服务力量 观赏鱼：在体系创新方面，近些年，京津冀三地特别是京津两市虽然建立了一些观赏鱼学会、观赏鱼创新团队、工程技术中心、试验示范基地等，但是各类机构和相关组织之间的联系不紧密，孤岛现象较为严重。特别是观赏鱼种业及养殖企业为避免同行竞争，各自为战，养殖技术、养殖品种和销售信息互相保密，各出口企业在出口市场各自为政，信息互相保密竞相压价。这些状况极不利于京津冀观赏鱼种业及渔业的可持续发展，需要搭建一个公益性综合服务平台，将观赏渔业及产业链各环节、各自孤立的创新主体、企业和企业之间联结起来，协同推动观赏渔业的可持续健康发展

（三）水产种业协同创新的政策环境

1. 冷水鱼种业协同创新的政策环境　冷水鱼种业及渔业在京津冀三地主

要是以北京为主导。冷水鱼主要以鲟、虹鳟、鲑鳟等特色品种为代表，一直是北京市渔业发展的主导优势特色品种。自 20 世纪 60 年代初，朝鲜平壤市长赠送北京市长虹鳟亲鱼 24 尾和当年鱼种 200 尾，鲟就一直作为北京市政府支持渔业发展的一个主导的优势特色品种来培育，经过 20 多年的培育发展，北京鲟种业及种苗业无论在科技创新、育繁规模和质量水平等方面，在全国常年处于领先和主导地位，是引领全国鲟种业发展的一面旗帜。从鲟培育与发展的历史、现在和未来看，鲟种业及产业依然是北京市政府强化渔业可持续发展支持的重点对象。目前，京津冀三地只有北京市将鲟作为渔业可持续发展一个主导的品种，并不断为其营造"两头在内，中间在外"发展的政策环境。在营造京津冀冷水鱼种业协同创新的政策环境方面，北京市起到引领带动作用，渔政部门起到纽带作用。

2. 观赏鱼种业协同创新的政策环境　观赏渔业主要是为人们提供休闲、娱乐，是休闲渔业的重要组成部分。同时，也是一、二、三产业相互转化、有机结合和多元融合的一个健康时尚产业。观赏渔业借助现代科学技术，使渔业生产与都市文化、观光、休闲、旅游、环保、种业、流通、科普教育、渔事体验等功能为一体，是充分促进城乡一体化的一种现代渔业发展模式。近几年，随着国务院"推进农村一、二、三产业融合发展"和农业部"促进休闲渔业持续健康发展"等政策意见陆续的出台，为加快观赏鱼种业创新及渔业持续发展营造了有利的政策环境。同时，随着城乡居民生活水平的日益提高，以及对生态、休闲、文化、娱乐、健康、精神等生活质量的要求不断提高，观赏鱼和水族箱已经逐渐成为新时期家庭消费的新时尚，也为其快速发展带来了巨大的市场机遇。在这种大的背景下，京津冀三地观赏渔业也在竞相协同发展。

二、思路框架

"共同体"是指人们在共同条件下结成的集体，也可以解释为由若干国家在某一方面组成的集体组织，如同欧盟。京津冀水产种业共同体的建设，在技术创新方面京津冀三地都有一定的硬实力支撑，主要是在体制机制创新、组织体系创新等方面需要突破，解决软实力提升，使技术创新的硬实力发挥更大作用。因此，水产共同体的建设需要科教、企业和服务三种势力作为基础支撑，科教解决技术性能，企业解决技术功效，服务解决技术价值（技术活动），三者的有机结合形成京津冀水产种业协同创新共同体建设的系统框架。水产种业共同体是一个高级组织形态，由服务综合体、命运共同体、利益共同体、运作组合体等构成，"四体"叠加、融合、联动形成了"空间复合体"的共生界面（图8-1）。

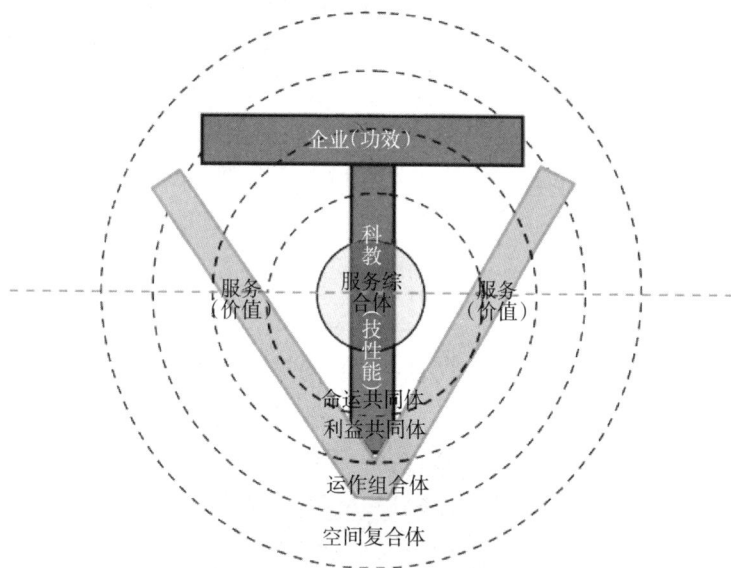

图8-1　京津冀水产种业协同创新共同体构成的系统框架

京津冀水产种业共同体建设的最终目的，是整体提高水产种业创新主体"自主创新""集成创新""协同创新""体系创新"的综合能力，这种综合能力包括创新过程中的战略定位能力、目标设计能力、方案构建能力、领导组织能力、团队执行能力、合作竞争能力，以及政策对接能力、资源聚集能力、成本节约能力、信息获取能力、资金融投能力、研发创新能力、成果转化能力和价值创造能力等。同时，通过共同体的这个高级组织形态，使自主创新、集成创新、协同创新和体系创新等创新资源和创新要素有效汇聚；通过突破创新主体间的各种壁垒，充分释放彼此间"人才、资本、信息、技术"等创新要素活力而实现深度合作；"四种创新"更为有效地促进水产种业及渔业发挥生态、生产、生活等功能作用，实现水产种业创新链与产业链、信息链、资金链等多链的融合，以及一、二、三产业融合，生产、生活、生态"三生"功能融合，城乡融合，鱼水城融合。

从"五体"的角色扮演来看，命运共同体是解决发展"路径"的问题，决定参与共同体建设的门槛高度，只有同向、同路、同心和同德的主体才可参与共同体的建设与运营；利益共同体是"机制"，解决参与主体之间的关系、公平、贡献、分配等问题，保证共同体建设与运营的内在秩序，使其参与共同体建设的各类主体协同和同向前行；服务综合体是一个由"物理"和"虚拟"结合构成的平台，为共同体建设与运营做综合公共服务，是共同体价值留存的重要载体；运作组合体，做共同体的整体或各项业务的运作，即将共同体虚拟成集团，形成集团业务，对外进行业务组合；空间复合体是指从生态、生产、生活等角度，城市与乡村在空间上的叠加。综合服务体、命运共同体、利益共同体、运作组合体和空间复合体的联动，形成了共生界面、共生物质和共生能量。水产种业共同体"五体"共建与"四创"的关系模型见图 8-2。

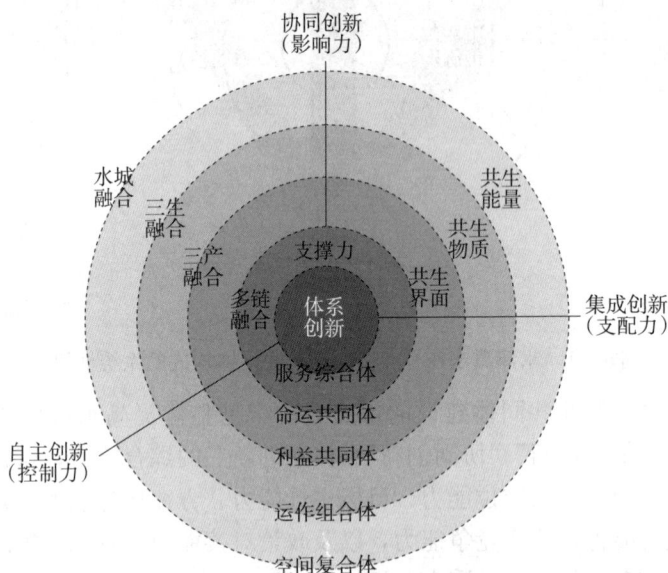

图 8-2　水产种业共同体"五体"共建与"四创"的关系模型

（一）命运共同体

　　命运共同体是京津冀水产种业协同创新及共同体建设的前提和基石，是基于担当国家"创新驱动、京津冀协同发展、供给侧结构改革"等相关战略落实使命，共同担负水产种业创新创制的体制、制度和机制等改革责任，共同提升观赏鱼种业创新的水平、能力、效果和价值等愿景，在"改变命运"共同条件下而结成的集体。关于命运，红浅学建构了四大方法论，即：为别人注入正能量、为自己注入正能量，为别人提升形象、为自己提升形象等，提倡合作而非竞争、包容而非对抗，促使人们成功。借鉴红浅学观点可以将"命运共同体"视为"在共同条件下相互提升正能量，进而改变命运结成的集体"。共同体建设的一项着重要目标，就是促进京津冀三地相互提升正能量，在推动水产种业及产业链发展的过程中进行协同创新，进而改变其发展历史带来的先天不足"命"的问题，突破传统体制制度障碍，增强未来发展后劲和活力"运"的问题，建立新体制、新制度、新组织和新机制。在合作、包容和开放的氛围中，形成共生能量；在体制、制度和机制的创新过程中，形成共生界面；在共担使命、共负责任和共崇愿景中，形成共生价值（图8-3）。

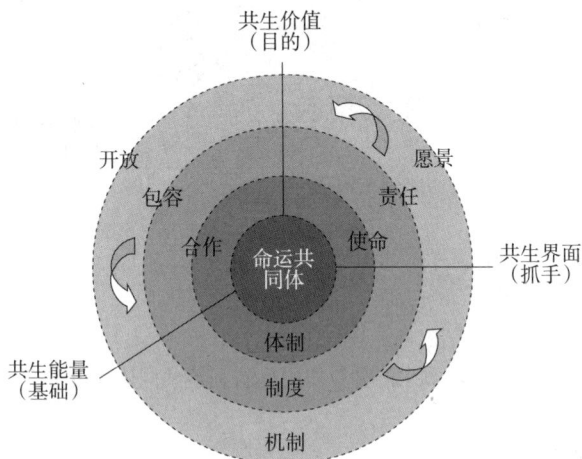

图 8-3　京津冀水产种业协同创新命运共同体建设模型

（二）利益共同体

共同的利益是共同体建设的生命之源。京津冀水产种业协同创新的整体利益，就是要有效汇聚创新资源和要素，突破三地创新主体间的壁垒，充分释放彼此间"人才、资本、信息、技术"等创新要素的活力，实现深度的合作，促进冷水鱼和观赏鱼种业创新的水平、能力、效果和价值等整体提升，节约创新成本和降低创新风险。目前，京津冀在冷水鱼和观赏鱼种业创新方面的合作非常少，三地相关主体都是各做各的，就一个市域的相关主体也是各自为战，即使有合作也是借助政府的公益项目进行合作，但由于项目周期较短，很少有滚动的项目进行连续支持，往往一个项目结束合作也就此中断，没有形成稳定持续合作关系和长久利益联系。没有长久合作，也就谈不上共建、共享和共赢。因此，利益共同体的建设必须以命运共同体为基石，以共建、共享和共赢的发展理念，针对京津冀冷水鱼和观赏鱼种业创新及产业链提升的整体利益，去考虑共同体的建设。特别是我国是观赏鱼出口的大国，大约年均出口1亿尾左右，其中北京和天津两市占的比重很大。但是，观赏鱼出口的合格率较低，突破观赏鱼的品种品质、控制品种退化、防治鱼病、增色饲料开发等，打造观赏鱼种业及产业国际品牌，是京津冀三地共同的利益。京津冀水产种业协同创新利益共同体建设的模型见图 8-4。

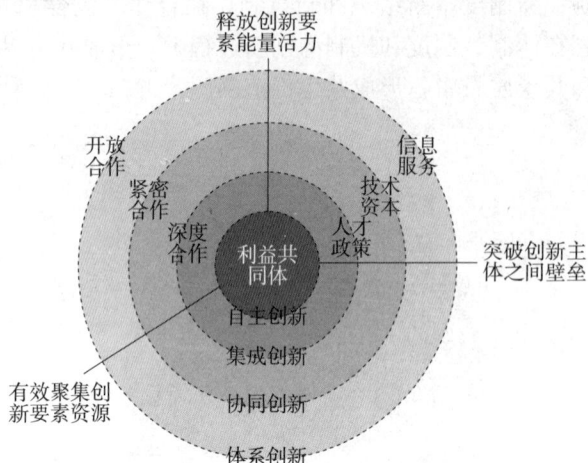

图 8-4　京津冀水产种业协同创新利益共同体建设模型

（三）服务综合体

服务综合体是京津冀水产种业共同体建设与运营，联结命运共同体、运营组合体、利益共同体、空间复合体的纽带和平台，在共同体的建设中起到至关重要的重用。其宗旨就是围绕着冷水鱼和观赏鱼种业的自主创新、集成创新和协同创新，提供研发与科技创新服务、信息服务、金融服务、培训和人才交流服务、政策对接服务和知识产权交易服务，以及优特品种引进、种苗生产和鱼苗销售等服务，降低相关主体的创新成本、提高创新效率和创新价值。服务综合体是一个由"物理"和"虚拟"结合构成的平台，是共同体价值留存的重要载体。目前，京津冀三地在冷水鱼和观赏鱼种业创新方面，主要是科研院所基于政府公益性项目为合作的企业做服务，包括北京市水产学会、创新团队和水产科技推广站等，只局限于科技方面的服务，对观赏鱼种业的协同创新的作用和影响不是很大。因此，需要建设服务综合体为共同体建设有效汇聚创新资源和要素，通过服务突破三地冷水鱼和观赏鱼种业创新主体间的壁垒，充分释放彼此间"人才、资本、信息、技术"等创新要素的活力，进而实现深度的合作。京津冀水产种业协同创新综合服务体建设的模型见图 8-5。

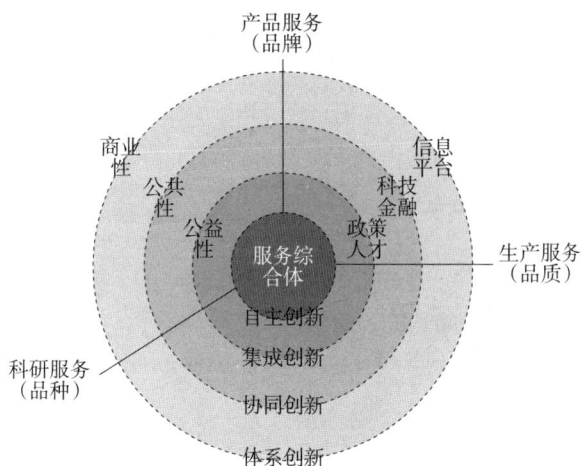

图 8-5　京津冀水产种业协同创新综合服务体建设模型

（四）运作组合体

"运作"运行和操作，指进行中的工作状态。从这一概念来理解，运作组合体实质上是基于冷水鱼和观赏鱼种业在某一领域或多领域，进行"自主创新、集成创新、协同创新、体系创新"中的一种组合或多种组合。京津冀三地在观赏鱼种业自主创新和集成创新方面的运作组合体非常多见，如北京市水产科学研究所、北京市观赏鱼创新团队和北京市朝阳区黑庄户观赏鱼繁育中心，天津市农学院水产学院、天津市水产科学研究所和观赏鱼工程技术中心，河北省农业大学海洋学院等一些课题和项目团队。京津冀冷水鱼和观赏鱼种业在协同创新和服务创新方面的运作组合体不多见，京津冀在水产种业某一领域基于自主创新和集成创新的跨区域运作组合体也很少见。京津冀水产种业协同创新共同体建设，首先是发挥三地在种业自主创新和集成创新优势，联动三地建立跨区域运作组合体，联合培育和跨区域优特品种培育研发团队和"育繁推一体化"集成创新团队，促进京津冀水产种业协同创新；然后是建立联动三地水产种业及养殖科技成果转化创新团队，推动三地冷水鱼和观赏鱼及养殖等科技成果的互为转化，协同提升三地水产种业及产业的科技水平（图 8-6）。

（五）空间复合体

京津冀协同发展战略的一个重要的目标任务，就是缩小河北与京津发展的差距，共同体建设的目标任务也是缩小河北水产种业及产业发展与京津两地的差距。从三地冷水鱼和观赏鱼种业及产业发展的历史和现在来看，北京和天津

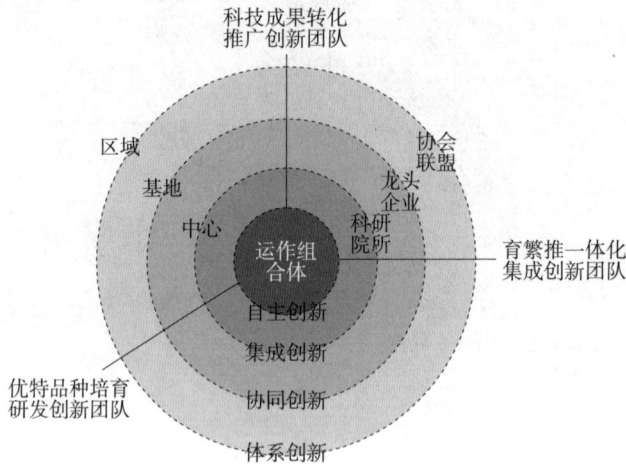

图 8-6 京津冀水产种业协同创新运作组合体建设模型

种业及产业发展得非常快也比较成熟，河北省还在起步阶段。带动河北水产种业与京津同步发展，这就需要通过共同体的建设，整体对京津冀三地水产种业及产业的未来发展，进行战略部署和统筹布局。目前，冷水鱼和观赏鱼种业及产业发展，在京津冀三地基本形成了非常分明的格局，北京市主要以鲟、宫廷金鱼、锦鲤等为主导，成为全国冷水鱼、观赏鱼繁育中心和全球交易中心；天津市主要以热带观赏鱼为主导，成为全国热带观赏鱼繁育中心及交易平台；河北省主要以环京津和省会周边为重点区域为主，发展休闲渔及观赏鱼产业带，逐步建设成多处规模化的良繁基地。通过共同体的建设，河北可与北京和天津加强合作，为京津两地做优特品种养殖试验示范及产业化基地。同时，基于京津冀协同发展战略的要求下，为京津冀水产种业及产业未来发展需要围绕"鱼—水—城"核心，做生活、生态、生产融合的种业空间复合体典型。京津冀水产种业协同创新空间复合体建设的模型见图 8-7。

1. **北京市** 主要发挥首都科技创新中心的引领作用，在鲟、宫廷金鱼和锦鲤特色优势品种"育繁推一体化"和产业化方面，凸显首都北京"首善标准、国际水准、引领示范"的作用，在水产种业发展中具有龙头、引领地位。在强化京津同城化、京津冀协同促进、打造首都经济圈和融入环渤海地区发展的同时，拓展北京自主创新、集成创新和体系创新等功能疏散的新空间，促进其产业优化升级和梯度转移，实现种业及渔业的可持续发展。同时，以优特水产种业科技创新为引导，并通过发展种业项目，逐步扩大河北及环首都现代农业科技示范带的"飞地"建设，形成以优特水产苗种企业为

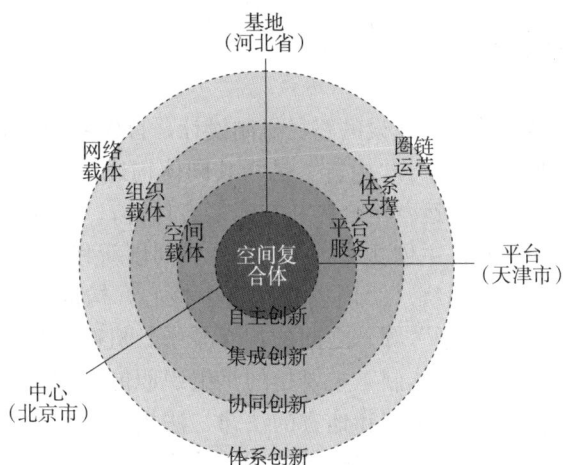

图 8-7　京津冀水产种业协同创新空间复合体建设模型

龙头带动、河北及科技示范带覆盖的区域进行养殖、产品依托北京市场销往国内和国际的发展模式。

2. 天津市　主要通过观赏鱼种业协同创新共同体的建设，重点在增强热带观赏鱼的引进筛选、杂交改良、提纯复壮、扩繁和种苗生产、"育繁推一体化"等方面的技术集成创新发挥作用。依托天津农学院水产学院，联合中国水产科学研究院和河北农业大学海洋学院，建设一批创新平台（包括高水平良种遗传育种平台、"育繁推一体化"集成创新服务平台等），培育建立一批知识和人才结构合理的"引育繁推"配套技术集成创新的研究团队；建立优特品种遗传育种家系，绘制重要优特品种遗传连锁图，定位重要性状，发掘利用重要性状相关基因，研发重要热带观赏鱼遗传育种技术，制定相关高档优特奇观赏鱼良种引、育、繁和推等相关标准，引领带动京津冀及环渤海地区观赏渔业的发展。

3. 河北省　主要通过水产种业协同创新共同体的建设，充分发挥"陆海种质资源丰富、陆海渔业发展空间大"等优势，积极承转首都北京冷水鱼和观赏鱼种业及渔业相关的创新资源、科技成果和重大项目，为北京水产种业创新链和产业链的延伸提供发展空间，同时为天津观赏鱼种业"育繁推用一体化"提供实验示范、产业化等基地。在为京津提供发展空间的同时，以其为带动，缩小与京津两地的发展差距。打造融合性休闲渔业，拓宽休闲渔业多元化发展模式，完善集垂钓、餐饮、休闲、娱乐、科普、体验于一体的休闲渔业设施，深入挖掘渔业文化内涵，拓展渔业新功能，积极发展冷水鱼和观赏鱼，扶持养殖户适度扩大养殖规模。

三、路径机制

京津冀水产种业共同体建设的路径机制设计，首先要明晰共同体这个有机体的构造、功能及相互关系。"构造"是指共同体构成，包括综合服务体、命运共同体、利益共同体、运营组合体和空间复合体等；"功能"是指共同体在促进水产种业相关领域自主创新、集成创新、协同创新和体系创新所具备的功能；"相互关系"是指围绕"协同创新"这个核心，构成共同体各组成部分（包括"五体"、"五大要素"等）之间的相互关系。机制的建立要依靠体制和制度，在共同体建设上，"体制"主要指的是组织职能和岗位责权的调整与配置，"制度"广义上讲包括国家和地方的法律、法规及任何组织内部的规章制度，进而通过与其相应的体制和制度的建立，使得机制在实践中得以体现。京津冀水产种业协同创新共同体建设的机制设计思路见图 8-8。

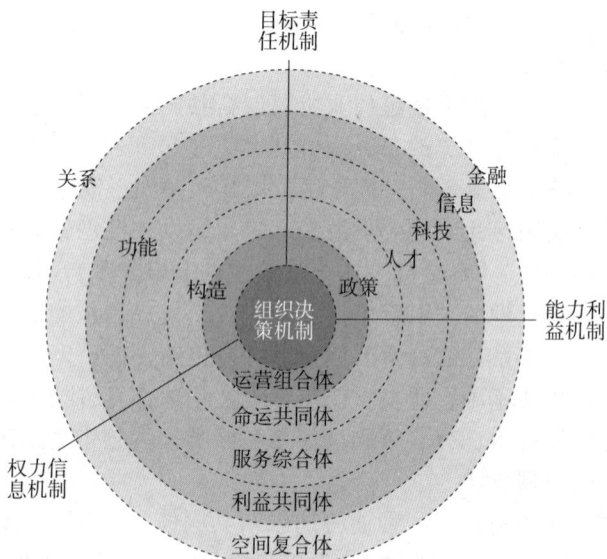

图 8-8　京津冀水产种业协同共同体建设的机制设计思路

京津冀水产种业共同体建设的核心是"协同创新"，协同创新是一项复杂的创新组织方式，其本质是在共同的体制和制度条件下，企业、政府、知识、大学、研究机构、中介机构和用户等，为了实现某一项重大科技创新而开展的大跨度整合的创新组织模式。这种创新组织模式，需要一套行之有效的机制去调节并维护组织成员之间关系，才能使组织成员及内部和外延更有效发挥作用。因此，共同体的建设，需要设计"目标责任、组织决策、权力信息、能力利益"四大机制，才能使共同体各组成部分之间在"自主创新、集成创新、协同创新、体系创新"中，关系更为协调、作用更好发挥和运行方式更为科学。

（一）目标责任机制

目标责任是指不同的责任中心在考核期内应达到的目标。明确目标责任，是在目标分解、协商的基础上，根据每个部门和每个人的工作目标，明确其在实现总体目标中应该做什么、协调关系是什么，以及要达到什么要求等，把目标责任落实下来。明确目标责任要与各种责任制相结合，建立在责任制的基础上，要根据各层次（部门）和个人所承担的目标责任，授予适当的权力，并分配实现目标所必需的各种资源，以保证目标的实现。从以上的观点来看，京津冀水产协共同体的建设，首先是建立在"推进京津冀现代渔业协同发展、促进农业供给侧结构改革、落实国家创新驱动战略"等使命和责任的前提下。目标责任机制，就是将水产种业共同体建设的相关"使命"和"责任"化为目标，根据"命运共同体、利益共同体、综合服务体、运作组合体、空间复合体"等各组成部分应有的功能作用进行目标分解，通过协调共同体各组成部分及成员关系、落实具体任务和建立责任制，并授予其适当权利和配置所需资源，将共同体建设的目标责任落下来。从共同体建设的"五体"联动来看，"目标责任"应该首先对应是命运共同体，命运共同体是目标责任机制建立的主导主体（图8-9）。

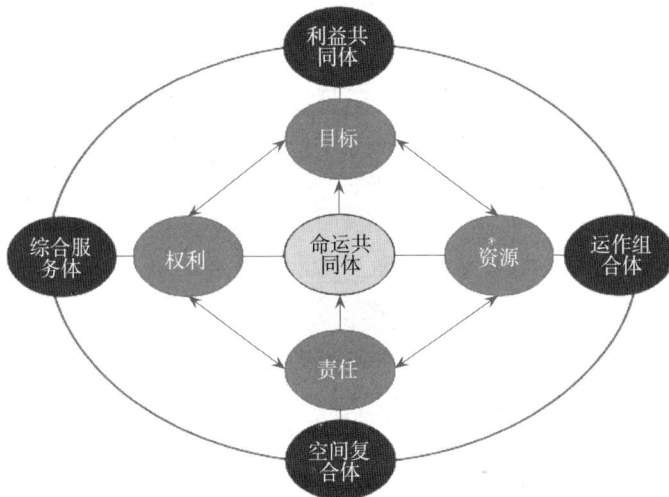

图 8-9 京津冀水产种业协同创新共同体建设的目标责任机制

（二）组织决策机制

组织决策又称为权力组织，是掌握企业重大问题决策权并可以制约其他组织的管理机构。组织正确的决策是组织做大做强的前提，决策是决策者针对需要解决某一特定问题，而提出各种解决方案，并从中确定一种可行方案的选择。京津冀水产种业共同体，是一项复杂的创新组织方式，是基于京津冀水产种业及产业的可持续发展，企业、政府、知识、大学、研究机构、中介机构和用户等为了实现重大科技创新而开展的大跨度整合的创新组织模式。这种创新的组织方式和组织模式，在突破重大问题和关键技术、应对挑战和提高核心竞争力等方面，需要既符合主观诉求，又符合客观规律的组织决策机制。组织决策机制建设的目的，就是建立一套科学的权力组织决策制度、管理体制和解决方案，促进三地冷水鱼和观赏鱼种业及产业发展的协同创新，并通过国家意志的引导和机制安排，促进政府、企业、科教、信息、金融等相关主体，发挥各自能力优势整合互补性资源，实现各方优势互补，加速技术推广应用和产业化，协作开展冷水鱼和观赏鱼种业及产业等技术创新和科技成果产业化活动组织决策机制见图 8-10。

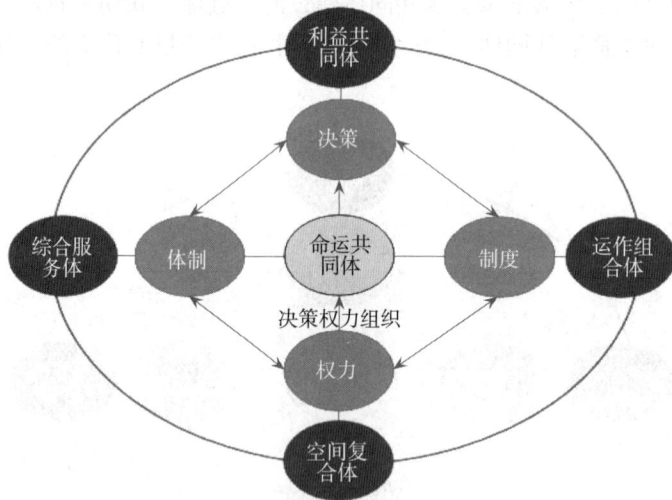

图 8-10　京津冀水产种业协同创新共同体建设的组织决策机制

（三）权力信息机制

"权力"就是集体赋予领导主体支配公共价值资源份额的一种资格，权力的本质是对信息的占有，所有的权力垄断最后都是一种信息的垄断。正如托夫勒说，"世界已经离开了暴力和金钱控制的时代，权力正在向信息拥有者手中转移"。"谁掌握了信息，谁控制了网络，谁就将拥有世界"。如一群人在深山老林迷路时，当地的向导就是最大权力者。信息是一种重要的社会资源，信息的不对称造就了控制力的巨大差异，牢牢控制着信息资源的一方在无形中拥有巨大的权力优势。谁控制了信息，谁就拥有了权力。在信息时代，认识信息，就发现了力量；占有信息，就拥有了权力；整合信息，就增强了能力；传播信息，就施展了力量；形成信息流，就形成了更强的支配力。从以上的观点来看，京津冀水产种业共同体建设的关键主导主体，应该是拥有相关冷水鱼和观赏鱼种业发展及协同创新等大量高价值信息的主体，其高价值信息包括政策、人才、科技、金融和服务等方方面面。权力信息机制的设计，就是让那些掌握更多、更高层、更重要和更全面等信息的主体，在共同体建设过程中，产生有效的控制权和支配权，影响共同体建设与运作的控制力、支配力和影响力，权力信息机制见图 8-11。

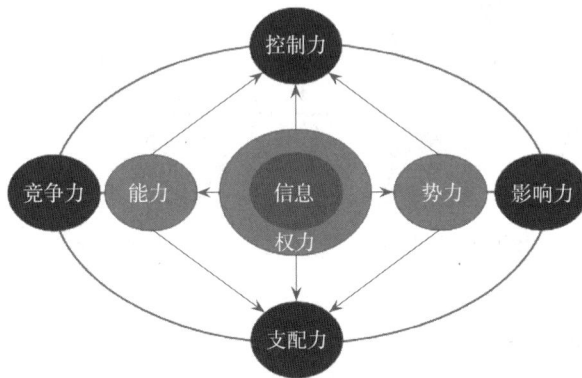

图 8-11 京津冀水产种业协同创新共同体建设的权力信息机制

（四）能力利益机制

"权力、责任、能力、利益"等是能力利益机制构成的关键变量。权力与责任对等，即管理者拥有的权力越大，则赋予其责任也应越大；能力与利益对称，即根据能力，并参照贡献来确定管理者或员工的报酬（利益）。在人力资源管理中，人力资源管理的核心是权力、责任、能力、利益的平衡。掌握好这种平衡就能调动员工的积极性、发挥员工的价值、实现组织价值。如果将员工在公司服务比喻成驾车行驶的话，权力就是方向盘，责任是到达目的地的里程，能力是发动机、轮胎和车架，利益就是油料。理论上四者的平衡才是最长期稳定的。如图 8-12 模型所示，责任、权力、利益形成等边三角形、三者是对等的，权力通过赋予具有一定能力的员工，才支撑起了责任。这种形态的员工能力得到了充分的发挥，承担起了最大的责任，也获得了应得的利益。借鉴以上人力资源管理中的观点，京津冀水产种业协同创新共同体建设的能力利益机制设计，主要是要围绕着"权力、责任、能力、利益"的平衡和长期稳定态，平衡"五体"共建和"五体"联动相互关系，使相关主体在共同体的建设中，权力和责任对等，能力与利益对称，实现共同体建设与运营的长期稳定态，能力利益机制见图 8-12。

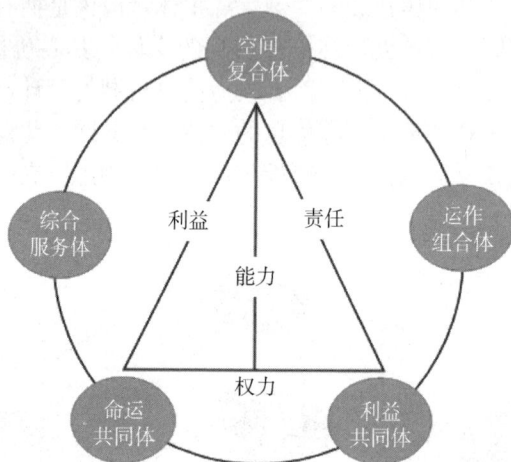

图 8-12　能力利益机制的权力、责任、能力、利益长期稳定态模型

四、要素配置

要素配置是指在水产种业及产业可持续发展在"自主创新、集成创新、协同创新、体系创新"过程中创新要素资源的有效汇聚与配置。要素指的是"政策、人才、科技、信息、金融"五大要素。京津冀水产种业共同体的建设，就是要通过服务综合体、命运共同体、利益共同体、运作组合体的共建和联动互促，跨区、跨域、跨界突破冷水鱼和观赏鱼种业及产业相关创新主体之间的壁垒，充分释放彼此间"政策、人才、科技、信息、金融"等创新要素活力而实现深度合作，使资源与要素在冷水鱼和观赏鱼种业的空间复合体中，按照"需要和必要、有效和高效、集约和节约、功效和效率"的原则，配置"四创"所需的要素资源，促进科教研究机构、种业科技企业、相关服务组织等发挥各自的能力优势整合互补性资源，实现各方的优势互补，加速冷水鱼和观赏鱼优特品种培育育繁、种苗生产、饲养管理、饲料营养、疾病防控、包装运输、水族

器材等技术推广和产业化，协作开展产业技术创新和科技成果的产业化活动。京津冀水产种业协同创新共同体建设的要素配置关系模型见图8-13，其中交叉处的圆圈大小分别表征要素在不同组织体系上的作用大小。

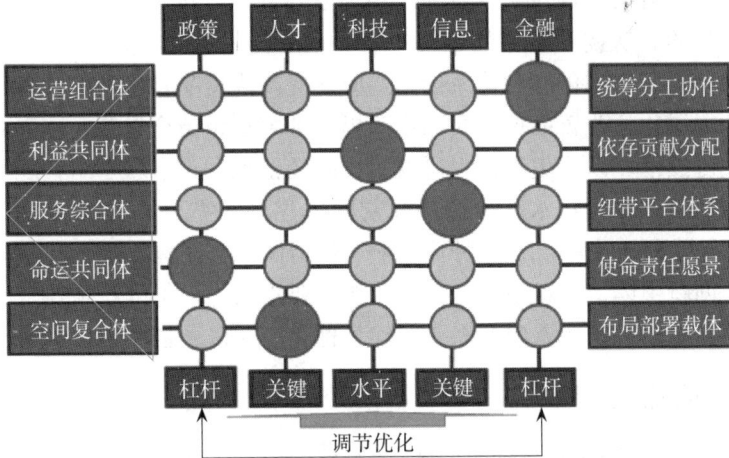

图 8-13　京津冀水产种业协同创新共同体建设要素配置的关系模型

（一）科技要素

科技要素指目前社会技术总水平及变化趋势、技术突破、技术变迁对企业影响，以及技术对政治、经济社会环境之间的相互作用的表现等。社会上习惯于把科学和技术连在一起，统称为"科技"。实际二者既有密切联系，又有重要区别。科学解决理论问题，技术解决实际问题。科学要解决的问题，是发现自然界中确凿的事实与现象之间的关系，并建立理论把事实与现象联系起来；技术的任务则是把科学的成果应用到实际问题中去。科学主要是和未知的领域打交道，其进展，尤其是重大的突破，是不可预知和难以预料的；技术是在相对成熟的领域内工作，可以做比较准确的规划和计划。

从以上的观点来分析冷水鱼和观赏鱼种业的科技要素，在科学层面上包括优良品种选育与繁育体系、遗传性能评价、水域生态环境监测和种质资源保护与开发利用"等基础研究；在技术层面上，包括"人工繁育技术、饲养管理技术、饵料配方技术和饲喂技术、水循环控制技术、种苗运输技术"等。北京冷水鱼种业及养殖业经过20多年的培育发展，在人工繁育、良种杂交选育（二倍体和三倍体）等方面理论研究上均有重大的突破；在技术层面上，姆人工繁育技术、种苗规模化生产技术和养殖技术，以及综合配套技术，处于世界先进、全国领先。目前，在种鱼遗传性能退化、疾病防控、水资源高效循环利用和水质低成本净化等方面，需要在理论研究和关键技术有所突破。

从京津冀三地观赏鱼种业的技术总水平来看，北京的宫廷金鱼和锦鲤，天津的热带观赏鱼，在优良品种繁育、扩繁、育苗生产和规模养殖技术，以及各种疾病防控、育苗运输包装、设施装备等配套方面，技术总水平在国际国内还是比较领先的。从技术发展的趋势来看，未来冷水鱼和观赏鱼种业的自主创新、集成创新、协同创新和体系创新，应在提高优良品种的遗传性能、防止亲鱼遗传性能退化、改善品位品质品形、提高种苗和鱼苗合格率、加强各类鱼病防治等关键技术，以及生物饲料研发、设施装备和"鱼水城"结合配套技术等方面着力突破。京津冀水产种业协同共同体建设，需要联合三地大学科研院所、工程技术研究中心、优势种业企业、创新团队和优秀人才等，整合创新要素，打破创新主体之间壁垒，充分释放技术要素活力，加强技术要素的优化配置，协调三地把科技要素向有需要的优势种业企业以及创新主体进行配置。

（二）金融要素

"金融要素"指冷水鱼种业创新、"育繁推用一体化"及养殖业等发展过程中，获得的政府财政、产业基金、银行贷款、上市融资和保险补偿等资金支持。从京津冀三地来看，北京市政府财政支持的力度非常大，包括北京市科委重大科技项目资金、农业委员会和农业局（包括财政局）有关产业发展方面的重点工程和重大项目（如对全市水产种业企业升级改造、原种场及繁育场及基地建设、鱼塘标准化改造、种质资源保护与增值放流等）。从银行支持的角度来看，由于种业及养殖企业的固定资产大多都不是很清晰，获得银行贷款的支持比较难。在上市融资和产业基金支持方面，目前还没有一家冷水鱼和观赏鱼种业企业上市，也没有产业发展基金。在保险支持方面，由于种业及养殖业风险大且风险损失很难评估，保险机构大多都不愿意为其保险。另外，发展水产种业基础设施、技术装备等投入大，并且近几年收益相对较低，资源环境约束的压力逐年增大，特别是水资源成本和水污染治理成本逐年攀升，种业企业在基础设施建设等方面的投入积极性不高。因此，增强行业金融支撑力，促进水产种业基金或产业发展基金的建设，也是水产种业共同体建设的一项目标任务。

京津冀水产种业协同创新是各个创新主体间实现创新互惠、知识共享、资源优化配置，行动集体理性且高水平匹配。协同创新的有效执行关键在于协同创新平台的搭建。首先需要三地有关政府部门制定有利的政策与保障措施来支持和发展协同创新平台，建立协同创新平台的财政投入渠道，稳定支持冷水鱼和观赏鱼"育、繁、推"技术综合竞争实力强，具有较大产业化价值的自主、集成和服务创新的领先组织（科研院所、种业企业和创新团队），重大科技项目及经费安排要优先向协同创新平台倾斜。在保障政府投入的基础上，发挥多方积极性，进一步吸收社会资金参与协同创新平台的建设与发展，形成国家与地方、政府与企业联合共建机制。探索稳定支持与项目支持相结合、中央支持与地方支持相结合、财政资金投入与企业和社会资金投入相结合的多元化支持渠道，调动各种资源并加强集成与衔接。在条件充足的情况下，积极筹建京津冀水产种业协同创新发展基金，以政府财政支持资金为引导，创新 PPP 模式和混合组织，撬动工商资本，筹集社会闲散资本。

（三）人才要素

人才要素是水产种业共同体建设的关键。从观赏鱼和冷水鱼种业及养殖业的发展历史和目前来看，聚集在科研院所、政府科技推广部门（水产技术推广站）的人才较多，人才也愿意往这些单位和机构来。种业及养殖业企业就不同，由于种业及养殖企业大多在偏远山区，工作条件和生活条件都比城市差，加之企业的收益较低，满足和保证不了人才的工资福利，企业获得一般和较高端的人才非常困难，导致企业创新型人才严重短缺和企业创新能力严重不足。从水产种业的供给端来看，京津冀特别是北京水产种业研究型人才和专业型人才缺口较大。从需求端来看，北京的水产人才引进难度大，一是北京本地生源学水产相关专业的很少；二是京外生源进京指标少，难以满足人才需求；三是北京缺少水产人才培养的学校等人才培养机构。

从河北和天津两地来看，虽然有一些相关的教育培养机构，但像河北农业大学水产学院、天津农学院水产科学系、天津水产研究所等，专业从事水产种业及养殖业科研、教学、技术推广工作外，很少有较具实力和影响力种业企业从事水产种业及养殖业的科研工作。另外，由于高校院所"重理论、轻实践，重知识传授、轻实践能力培养"等培养模式，培养出的学生缺乏创新精神及创造能力，培养的人才很难适应现代水产种业发展的需求。京津冀水产种业人才的培养和供求错位、缺位，导致京津冀水产种业的整体科研能力受到很大的制约，也阻碍了京津冀三地水产种业的协同创新，需要建立共同体联合三地高校院所对人才的培养、孵化和开发，建立综合服务平台，加强三地的人才交流。

从京津冀的全局来看，人才培育、培养和开发的整体能力不足，专业性人才及人才队伍少，需要三地大学科院院所加强与现有人才发展规划、计划和工程的衔接，吸引和聚集优秀的创新人才，并开展广泛的国际交流与合作，吸引来自世界各国优秀人才共同参与水产种业科技创新，提高水产种业高技术前沿研究领域的研究与创新的国际竞争力。人才培养及技术培训，按照行业规范和服务标准，依托政府公益性推广机构、行业协会、龙头企业、合作社等组织，开展专家授课、现场参观、经验交流、典型示范等多种形式培训，提高从业人员的素质和能力。将水产种业及渔业技能培训纳入"阳光工程"，尤其要加强对沿海捕捞渔民的培训，提高转产就业的能力。

（四）信息要素

京津冀在水产种业及渔业信息化建设方面，包括各类网站，可以检索到的政府和行业协会有一少部分，如北京水产业商业协会（网站）、天津渔业信息网和河北渔业杂志（网站）等，很少检索到冷水鱼种业及养殖企业网站，企业的信息大多是闭塞的。"十三五"期间，天津市在渔业信息化建设上的力度较大，实施互联网＋现代渔业，推进现代信息技术在渔业生产、经营、管理和服务中的应用，建设渔业物联网综合管理平台和渔业基础信息数据库，构建渔业专家咨询决策系统、水产品质量安全追溯系统、电子商务服务系统。近几年，河北省也建立了专家在线远程鱼病诊断系统，以及水产养殖病害诊治记录数据库。

目前，北京市在水产种业及养殖业方面的信息化程度还很低，《北京市"十三五"渔业发展规划》提出了"设立专项资金，支持主要养殖场建立生产管理平台，实现远程管理，提高养殖管理水平；支持建设水产品销售网络，建立覆盖水产品产、加、销的网络平台，以及涵盖京津冀的渔业信息化服务平台，及时提供信息，提高京津冀地区渔业协同发展水平；在全市主要养殖场建设数字化生产管理系统，提高水产品养殖场精准化生产经营管理水平"等目标，促使"十三五"期间北京市水产信息化水程度会有所改善。通过京津冀种业共同体的建设，可促进冷水鱼和观赏鱼种业创新的信息在三地互联互通，提高水产种业信息化水平。

（五）政策要素

冷水鱼是北京市渔业"三大优特品种"之一，从引进到培育发展一直受到北京市政府的关注和支持。目前，"冷水鱼类产业化建设项目"已列入国家财政部农业产业化建设项目和国家农业综合开发重点实施项目计划，各地可通过国家项目的实施带动相关产业发展。北京市应抓住此机遇，在冷水鱼种业创新方面，充分发挥科技创新中心的引领优势，在京津冀协同促进、打造首都经济圈和融入环渤海的同时，拓展北京自主创新、集成创新和服务创新等功能疏解的新空间，促进冷水鱼种业梯度转移，实现首都渔业的可持续发展。

同时，京津冀协同发展也为北京市水产种业发展带来了新的发展契机。一方面，河北和天津等地的水产品可以补充北京水产品供给的不足；另一方面，北京的水产种业、观赏渔业等可以进一步做大做强，特别是冷水鱼种业在京津冀及全国的发展优势明显，可向天津、河北等地输出更多的优质苗种，起到品质、品种控制力提升的效果。冷水鱼种业共同体建设，可促进冷水鱼在京津冀三地的协同发展，有利于形成产业分工明细、空间布局合理的新渔业，使北京市渔业综合实力得到进一步提升。同时，北京支持政策向河北转移，以"建示范基地，带动周边发展"的模式，引导和鼓励河北各区县发展鲟、鲑鳟的养殖。

观赏鱼是休闲渔业的重要组成部分。近些年，各级政府在推动休闲渔业发展促进一、二、三产业融合和城乡统筹发展等方面，都有一些新的政策举措。《农业部关于促进休闲渔业持续健康发展的意见》提出"将休闲娱乐、观赏旅游、生态建设、文化传承、科学普及以及餐饮美食等与渔业有机结合，实现一、二、三产业融合"；《北京市渔业发展"十三五"规划》提出"做新做特休闲渔业，伴靓首都北京宜居城市，实施休闲渔业观赏工程"；《天津渔业一、二、三产业融合发展实施方案》提出"积极发展文化娱乐型、都市观赏型、观光体验型、展示教育型等多元化现代休闲渔业，加快培育观赏渔业产业集群"；河北省"十三五"期间重点在省会、京津两市周边培育打造观赏鱼产业带。以上这些政策措施，均为观赏鱼种业协同创新及共同体建设带来了重大的政策机遇。

第四部分

展　望　篇

第九章 京津冀种业协同创新共同体建设的重点策略

结合专家深度座谈、企业实地调研和政策咨询的深入分析，以营造环境、搭建平台、平衡要素为主线，围绕缩差、创新和超越的建设目标，提出依托北京农科城建设京津冀种业协同创新共同体的策略措施。京津冀种业协同创新共同体建设的策略体系以"理念引领、园区凸显、中心支撑、模式传播、平台联通、品牌增值"的思路为指导，以北京农科城联盟组织、中心平台和特色园区为抓手，贯穿创新驱动、高端服务，以及创新驱动与高端服务三条主线，具体包括协同创新、服务引领和产业融合的策略。

一、协同创新，依托平台强化合作共赢

立足北京的载体、面向京津冀的条件共享平台服务全国和世界的链接功能，贯穿北京农科城联盟组织、中心平台和园区基地三条主线，依靠主体组织、机制平台和政策措施创新，实现北京农科城对协同创新的引领、示范和带动作用（图 9-1），其中交叉处圈的大小表示联盟组织、中心平台、园区基地分别在北京、京津冀、全国—世界的作用大小。

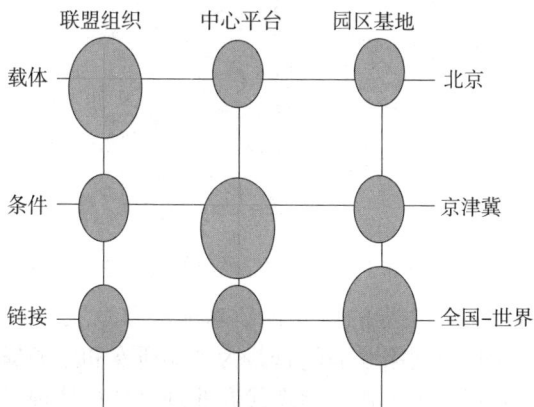

图 9-1　北京农科城协同创新的思路与策略

1. 发挥总部管理体系的组织机制创新功能 北京农科城总部管理体系最大的创新在于转变了农业科技创新的组织方式和工作方法，在集中专家智慧开展策划、制定战略、编制规划、制定管理办法和制度、举行重大活动等方面，实现了智慧的聚集、重点的突破和开放的协同。一是通过领导决策保障，成立了科技部、农业部、北京市共建的国家现代农业科技城联合领导小组办公室，加强国家部委和北京市各委办局的沟通协作、协商决策，推动领导体系和组织方式的变革。二是借助管理协调（政策项目）保障，由科技部和北京科委组织农科城为主体的统筹项目，加强国家部委和北京市相关部门政策的共享和联动，保障农科城重大项目的落地和实施。三是依靠服务运作保障，开展高端科技、金融、商务论坛，举办农业科技创新的交流活动，推动国际农业科技成果技术转移和项目合作，促进活动方式的转变。领导决策、管理协调、服务运作的组织保障相结合，促进农科城构建了创新的管理体系和联通网络，提升了创新成果的共享水平和资源利用效率，增强了农科城的品牌影响，实现了有效的创新知识和技术转移。总部管理体系主导的组织机制创新策略见图 9-2。

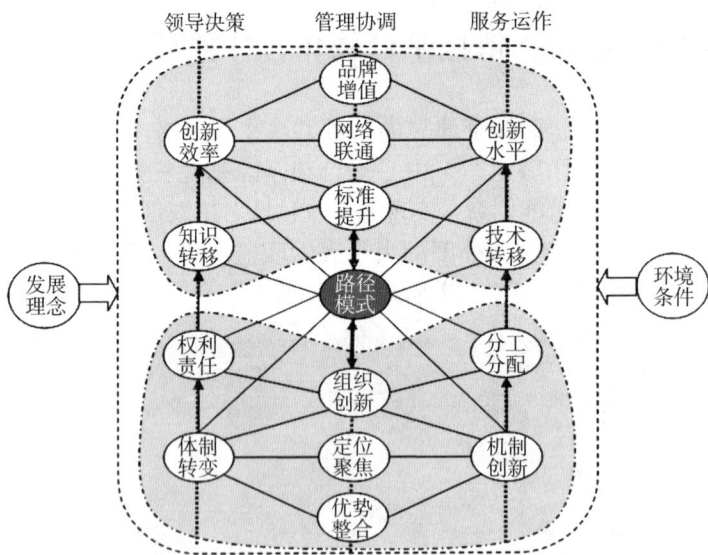

图 9-2　总部管理体系主导的组织机制创新策略

2. 发挥中心平台网联主导的协同创新功能 北京农科城五大中心重点解决高端服务的对接转化与网络联通问题，为高端研发和服务提供网络链接与功能融合。五大中心对现代服务业引领现代农业理念特征体现得最为明显，通过建设高端服务公共性公益平台，推动科技价值链、服务价值链和产业价值链

"三链"的有机融合，加强五大中心之间的整体联结，实现农科城科技、金融、信息和智慧等高端服务与创新主体的对接；实施"一城两区百园"结盟和法人科特派创新行动，建立五大中心主导的全产业链协同创新机制，发展农业生产性服务、生活性服务和生态性服务，建设面向全产业链增值的社会化服务和技术推广体系；依靠大都市优势资源的聚集整合，实现高端资源在区际、全国乃至世界的快速流动，提高了农科城建设的模式推广效应和农业科技创新的辐射带动效应（图9-3）。

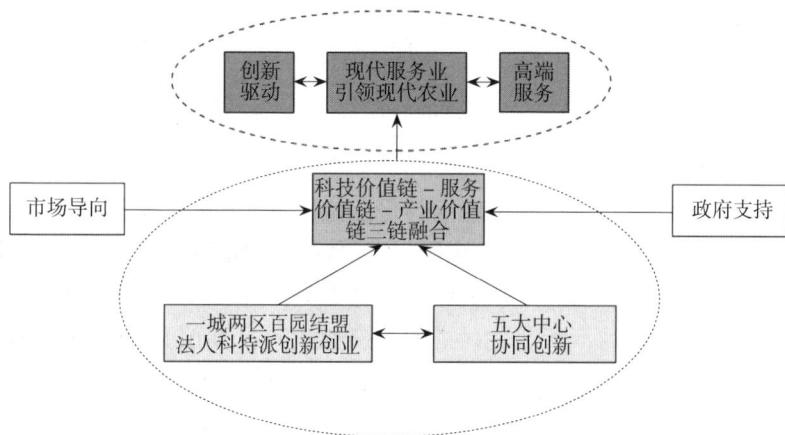

图9-3 中心服务网联主导的协同创新策略

3. 发挥企业联盟组织主导的价值创新功能 北京农科城企业联盟组织通过有效发挥政府引导作用和市场决定的作用，重点解决龙头带动和集群竞合的创新机制问题。龙头企业通过培育发展农业科技创新的群落、集群和链族，提高创新的网络化效应；与特色园区相结合，与园区所在区域形成工业化、城镇化、信息化和农业现代化协同发展格局；与中心平台相结合，发挥企业主导、农业科技创新产业促进中心的网联效应，带动全产业链创新能力提高；借助牵头成立的服务联盟，在孵化新型企业、提高协同创新的合作产出、共享农业科技创新项目成果、改善农业科技创新主体结构方面实现突破。企业联盟组织主导的农业科技创新路径在于将现代服务业转变为机制体系，实现了"龙头＋集群＋平台＋现代服务业"结合的全产业增值模式的创新。这也符合创新方法中的"物—场"理论、中介物等创新原理，即化解各自分散、力量不足、重复投入、低水平竞争的矛盾，提高创新的依存度和有序度，提升创新的市场化、产业化水平，培育使创新由无序变有序、由低效到高效的机制"场"和能量"场"。企业联盟组织主导的协同创新策略示意图见图9-4。

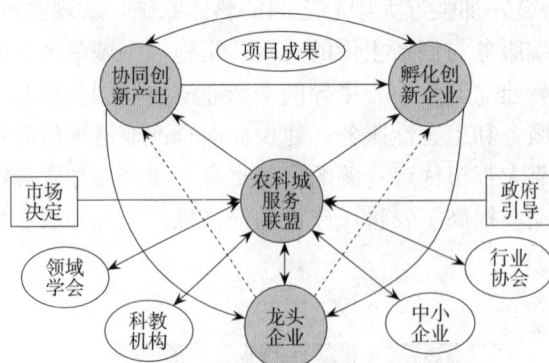

图 9-4　企业联盟组织主导的协同创新策略

4. 发挥特色园区网络主导的商业模式创新功能　北京农科城特色园区主导的农业科技创新路径在于构建了基于客户定位、系统功能、盈利模式和价值循环协同的商业模式，即通过聚集整合北京"城"已有的科技资源、服务资源、创业资源和产业资源，依靠市场引导、政府支持和科教机构参与的机制，根据客户需求和市场定位的不断变化，搭建创新驱动与高端服务结合的新型平台，建设农业科技创新的舞台，推动各类企业、科教机构和协会在平台上共舞，有效助推全产业链的孵化器、加速器、放大器的建设，构建全产业链创新与服务结合的商业模式，从而形成政产学研用结合的协同创新机制。北京农科城依靠理念创新和项目引导，形成了昌平园、顺义园、通州园等一批农业科技园区的商业模式，提高了农业科技创新成果的转化效率和应用水平，强化了特色园区作为农业科技创新载体的功能和定位（图 9-5）。

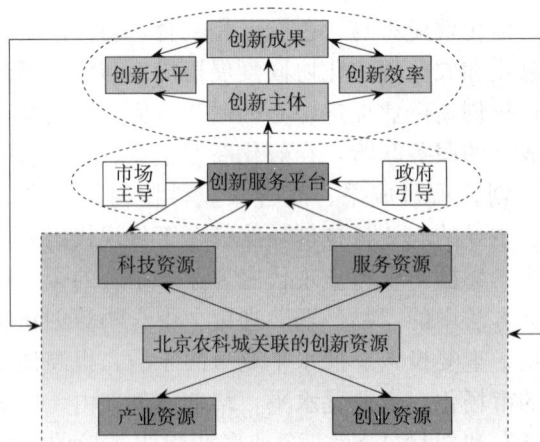

图 9-5　园区转化平台主导的商业模式创新策略

二、服务引领，推动商业模式转型创新

1. 利用"互联网＋"思维推动农科城高端服务商业模式转型　以互联网为媒介，利用传统的移动互联网商业模式和新型互联网商业模式，整合北京农科城特色农业产业链资源，聚焦于现代种业、"菜篮子"工程和休闲观光农业，连接各种商业渠道，形成具有高创新、高价值、高盈利、高风险的全新商业运作和组织构架模式，加快推动北京农科城的商业模式转型，实现"农科城＋"的平台溢价和品牌增值。

2. 加快首都高端服务辐射扩散，引领区域协同融合发展　以北京农科城网络中心和金融中心为手段，对接国家农业科技园区协同创新战略联盟的网联协同作用，带动良种创制中心、产业促进中心及产业链关联龙头企业开展外埠合作、产业投资，形成信息和金融服务引动的北京农科城区域合作、优势产业链和示范基地发展格局，促进北京农科城品牌、模式与外埠农业产业的融合发展，促进天津、河北、内蒙古等地创新服务平台与北京农科城五中心高端服务平台、农村领域科技条件平台对接，促进仪器设备、科技成果、信息数据、研发队伍等各类创新资源的开放共享。

3. 打造多层级跨区域众创服务平台推介增值"农科城＋"品牌　借助现代信息技术和市场化的机制，农科城可以整合已有平台资源和完善管理决策平台，构建完整的科技服务联盟的技术创新平台支持体系，构建"农科城＋"的品牌体系，面向全国统筹规划、整合资源，广泛吸引中介机构和金融机构入驻，强化对农业科技产业链建设和科技服务联盟发展的支撑，具体包括提供产权交易、科技保险、期货交易、管理咨询、投融资服务、现代物流、会展、高端人才培养等高端服务，完善农业信息服务体系、农业物联网体系、现代物流体系、农业期货交易体系、农业知识产权体系等的建设，将高端服务渗透到农业产业链的各个环节。

4. 打造全国农业科技园区联盟服务平台　依托国家农业科技园区协同创新战略联盟，发挥北京现代农业科技创新服务联盟为主的联盟集群效应，引导建立联盟大协作、大联合的攻关共同体，服务京津冀、京蒙、京台等区域合作。依靠技术转移工作站和展示示范基地，输出北京农科城的新品种、新技术和新模式，增强北京农科城的产业示范和辐射带动作用。利用世界月季大会、园林博览会、世界种子大会等会展经济，加快推进国内外创新主体"引进来""走出去"，促进国际先进的科技成果和人才落地北京。

5. 延伸联通京津冀农村领域科技条件平台服务　根据《京津冀协同发

规划纲要》的精神与北京重点发展"两种方式、三种农业"（生态、节水的方式；菜篮子、休闲和种业三种农业）的方向，推进北京产业转移，到产业承接区形成产业升级，带动一大批服务主体与优势资源输出，借助大都市的市场渠道实现价值回报与留存，拓宽创新主体的发展空间，带动区域产业在更高的标准与水平上协同发展，实现产业链跨区域联动、要素跨空间结合；进一步强化国际合作交流和科技博览展示的开放合作功能，扩大合作范围和合作领域，完善以农科城创新驱动与高端服务综合平台为核心的创新服务体系；促进天津、河北、内蒙古等地创新服务平台与北京农科城五中心高端服务平台、农村领域科技条件平台对接，促进仪器设备、科技成果、信息数据、研发队伍等各类创新资源的开放共享。

三、产业融合，聚集创新创意创业资源

1. 营造智慧汇聚的"四创"价值空间　以聚集利用智慧为基础，不断提升农科城相关主体把握机会的能力，持续提升相关主体识别和捕捉创新创意的价值机会；利用现代化先进管理体系中的绩效管理制度吸引、利用和放大各类人才；以"中心＋联盟＋园区＋平台"的形式整合地方与行业资源；推动北京农科城组织管理模式的创新，建立以"智慧聚集的创新价值空间"为核心的创新、创业、创意和创客平台（图9-6）。

2. 培育提升农科城基于商业模式创新的新型业态　以北京农科城特色产业园区网络体系为载体，大力发展"互联网＋""文化创意＋"主导的第五产业，"健康养生＋"为主的第六产业，将全产业链增值、全价值链升级的高端服务理念及现代产业组织方式引入农业，延伸产业链、打造供应链、形成全产业链，完善利益联结机制，促进一、二、三产业融合互动。

3. 依靠平台网联完善农科城的创新服务体系　依靠"市场主导，企业主体，政府引导"，借助"互联网＋现代农业"行动计划，以"互联网＋"的全新理念创造新平台，通过协同各类主体促进北京农科城的中心、联盟、园区和企业共生共赢，相互补贴、相互吸引、相互促进、相互作用，构建一个"政策支持的，自组织运作"的大平台生态圈。农科城创新服务体系的核心是链接平台，充分利用专家智慧和专家智库，依靠项目管理、解决方案、"多创"和人才孵化，提高平台链接能力、提高农科城基于链接的专家智库能力，提高农科城在推动智慧资本形成方面的能力，在促进区域之间结合、链条之间结合、层级之间结合（从中央到北京到地方）等方面，构建"分配—合作—分工—协作"的共赢共生机制，不断完善协同创新与高端服务深度融合的体系，最终实

现北京农科城关联主体增值（图 9-7）。

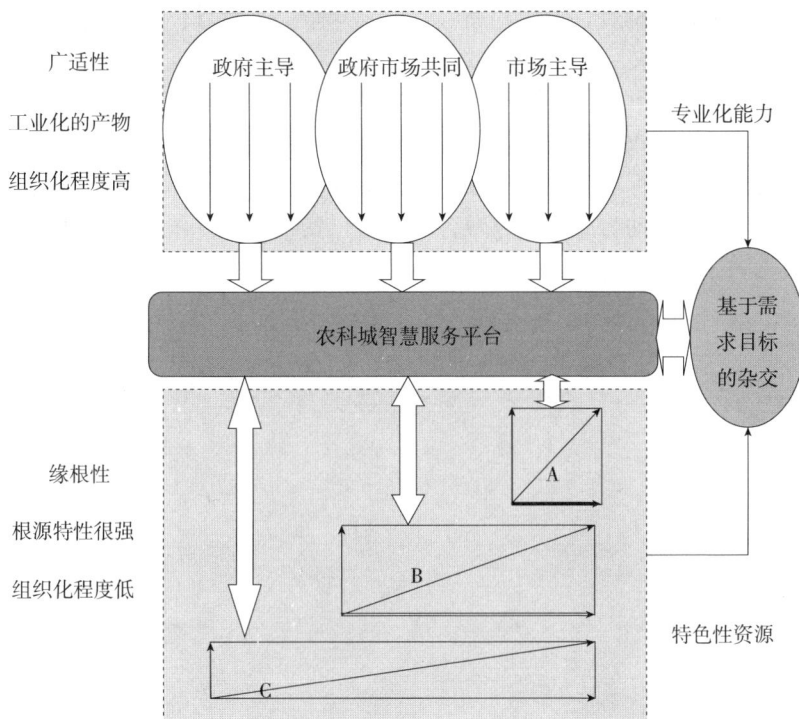

图 9-6 北京农科城智慧汇聚的"四创"价值空间

A. 缘根性较强 B. 缘根性强 C. 缘根性最强

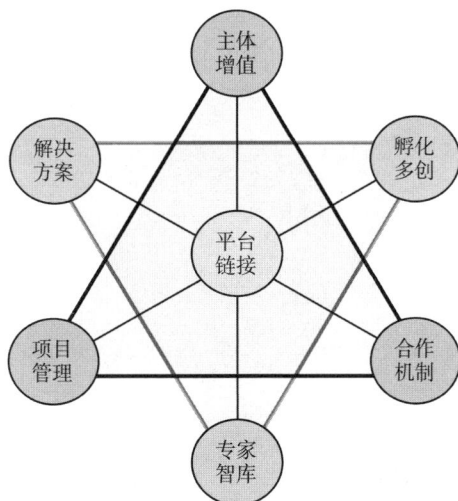

图 9-7 平台网联强化产业融合与创新服务体系的策略

4. 利用创新驱动与高端服务深度融合发展北京三种农业　北京农科城要通过创新驱动形成模式、平台和品牌，模式深根、平台壮体、品牌硕果。结合北京农业"调结构转方式发展高效节水农业"的要求，面向现代种业、菜篮子和休闲观光农业，形成创新驱动力、完善创新驱动和高端服务的融合机制，提高引领效应、杠杆效应和共生效应，充分利用农科城的品牌效应做规则、做标准、创模式，基于标准和模式引领全国。依靠平台推动创新驱动与高端服务的融合，形成创新驱动与高端服务融合的模式，实现模式深根、平台壮体和品牌硕果。

第十章　京津冀种业协同创新共同体建设的保障措施

结合京津冀种业创新共同体建设的路径设计和机制创新的需要，从创新机制、多方联动，营造环境、强化主体，搭建平台、合作共享，聚集要素、打造体系等方面研究提出推动京津冀种业协同创新共同体持续发展的政策建议和保障措施。

一、创新机制

争取将北京国家现代种业改革创新示范区建设作为国家战略，纳入全国综合配套改革试验区管理；由农业部会同北京市政府、科技部、发展改革委员会、教育部、财政部、国土资源部、商务部、中国人民银行、国资委国有资产监督管理委员会、国家税务总局、国家质量监督检验检疫质检总局、中国银行业监督管理委员会银监会、中国保险监督管理委员会保监会等部门成立示范区联合领导小组，领导小组负责示范区建设的统筹协调、宏观指导、顶层设计，解决试验区建设过程中的重大问题，定期召开工作协调会议，落实重大政策和措施。建立"部门联动、资源整合"的工作机制，细化试点内容和改革措施，明确工作进度和责任分工。

1. 优化种业发展政策环境　营造良好的种业知识产权保护氛围，加强市场监管，深入开展打假护权专项行动，严厉打击侵犯知识产权和假冒伪劣等扰乱市场秩序的违法行为；建立种子可追溯管理信息系统，保护农民和品种权人合法权益；推进品种审定绿色通道，做好品种测试与品种审定的有机衔接；探索品种注册制，建立产品责任追究制度；全面清理不适宜的地方行政规定，打破地方封锁，推动形成全国统一开放、竞争有序的种业大市场。

2. 加强企业开展自主研发的投入　科研院所和高等院校从事农作物种业基础性公益性研究，退出商业化育种后，国家在资金上可以更多地支持种子企业；同时，企业开展种业自主研发创新的费用应达到经营收入的一定比例，并保持稳定增长。采用"前投入、后补贴"的方式，企业确保对育种重大科研攻关的投入，鼓励种业企业年种业研发投入达到销售收入的 8%～10%，对于育种重大攻关按项目进度要保障持续投入。

3. 构建种业创新的多元化投资机制　鼓励科研单位与三种类型的种子企业联合组织重大项目攻关，逐渐形成以创新型企业为主体的种业科技创新资金投入机制。发挥现代种业发展基金引导、各类金融机构参与的作用，广泛吸引社会资本、金融资本投入，分类支持种子企业开展商业化育种，引导金融机构加大对种业发展的信贷支持力度（张国志等，2016）。

4. 引导支持企业商业化育种体系建设　引导有实力的"育繁推一体化"种子企业构建以企业为主体的商业化育种体系，建立健全品种测试系统与试验网络，提升企业育种创新能力；支持企业加大科研投入，建设国家重点实验室、国家工程技术研究中心等产业化技术创新平台；鼓励种业企业间进行兼并重组，构建大型种业企业集团。加快实施品种审定绿色通道政策，企业尽快成为推广产品的责任主体，强力推进龙头企业成为创新主体的进程，提高企业发展内生增长的能力，种子企业的发展主要靠内生动力驱动。

二、营造环境

加大京津冀现代种业协同创新发展的财政资金投入，整合各项扶持政策，在京津冀地区建立稳定、可靠的资金投入体系；加大金融支持力度，在京津冀成立种业金融服务中心，引进金融机构，充分利用国家现代种业发展基金和国家科技园区协同创新战略联盟基金，增强融资能力，支持种业企业做大做强。落实完善国家有关良种补贴政策，定期发布良种补贴目录，对列入目录的优良品种给予定额补贴；建立种业名优名牌认证和骨干企业评选制度，对于经过认定的名优品牌、骨干企业给予奖励。

1. 提高预算，建立财政性科技投入稳定增长的机制　国家需要把主要农作物育种攻关投入作为预算保障的重点，年初预算编制和预算执行中的超收分配，这些都要体现法定增长的要求。"十三五"期间，财政科技投入增幅明显高于财政经常性收入增幅。同时要引导企业和社会资金投向种业商业化研究与技术开发，形成多元化、多渠道的科技投入体系，在国家支持种业科技的同时，种业企业要调动社会科技资源向科研院所提供科研资金，共同促进农作物种业的科技发展。

2. 整合资源，加大国家各类计划的支持力度　国家加强对全国主要农作物育种攻关工作的统筹协调和宏观指导，地方紧密对接国家发展和改革委员会、教育部、科技部、财政部、农业农村部、水利部等有关部门，充分发挥国家与地方的作用，加强各相关计划之间的衔接，积极扶持三地特别是企业牵头参与课题实施，与科研院校共同进行技术创新、材料创新、新品种培育与产业化开发。加大对农作物育种攻关的投入引导力度，增加育种攻关科研经费投入，积极争取国家高技术研究发展计划（863 计划）、国家科技支撑计划等成果转化资金支持项目，逐步建立以政府投入为引导、企业投入和社会投入为补充的多元化投融资体系，拓宽育种攻关投融资渠道，为育种攻关提供资金保障。

3. 政策创新，保证企业自筹资金投入　一是创新财政资金提取政策，设置项目节点控制拨款，对每一个环节由项目监理负责严格把关，企业的研发经费确实投入到位后，再继续拨付财政资金，要求承担育种攻关项目种业企业每年持续性研发投入不低于销售收入的比例 6％。二是完善相关优惠政策，制订实施种业收入用于科技费用免税政策，鼓励种业增加科研投入，制订社会化投入种业科技优惠政策，允许优势企业、个人和其他社会力量捐赠设立基金，支持科技创新，逐步形成多元化、多渠道、高效率的科技投入格局。种业企业不仅要成为技术创新主体，而且要成为技术创新的投入主体，确保种业研发持续稳定发展。

4. 强化管理，确保政策资金规范使用　共同体建设的组织部门对项目单位进行监管，项目单位每年向组织部门提交研发投入资金使用报告和项目研发进展报告；组织部门根据项目实施方案的具体量化指标，每年对项目单位进行一次评定，严重不达标者终止项目和财政支持，根据项目完成程度追回国家支持财政经费；项目单位每年可根据市场需求和技术发展变化对实施方案与量化指标进行修订，需要出具书面申请。

三、搭建平台

建立合作共赢、跨域协同运营的机制。建立联合审定和资源共享的新机制，推动京津冀沪渝、京蒙的开放合作，实现区域协同发展和空间载体运营。建立产业融合、全链创新增值的机制。推动以京津冀种业产业功能体系为基础的一、二、三产业深度融合，构建研发、制种、加工、流通和服务全产业链，提高京津冀种业发展的价值空间和品牌影响力，加强平台联通和全息网联服务。建立增值创新机制，促进信息服务网联；建立激励分配机制，促进金融服务网联；建立合作分工机制，促进科技服务网联。

1. 促进种业科技成果托管与交易平台良性运行　充分利用种业科技成果托管平台、国家种业科技成果交易中心的农作物品种数据云中心、种业科技成果展示推介系统和产权转化交易系统等体系，推动知识产权在线交易、招投标管理和利益相关方共同参与的知识产权池的运营，为种业科技成果产权交易转让和推广运用打造"一站式"展示推介、价值评估、代理托管、质押融资、信息发布和维权救助等全方位服务。

2. 建立第三方种业基础研究公共服务平台　依托第三方中介机构或种业企业入股投资的企业，建立大型公益性基础研究公共服务平台，统一购买大型仪器设备，开展分子遗传、转基因研究等基础研究，为应用研究提供技术支持。研究中心和研究平台由国家和企业共同投资，不需所有的种子企业都自行进行转基因、分子育种等基础研究。

3. 建立分作物产学研结合攻关重大育种平台　鼓励科研单位和企业以入股、合股等方式，建立基础种子公司、联合体或其他形式的大型平台。联合平台共同承担国家科研项目，成果主要由企业开发，例如一个国内龙头种子企业与一个省级研究所共同建立主要农作物育种联合体等。

4. 完善新型种业科技创新平台体系　以满足重大需求为目标，以项目和任务为纽带，充分发挥国家省级科研平台作用，建设、完善适宜主要农作物种业的新型科技创新平台、集成利用主要农作物国家重点实验室、生物学实验室、转基因中试基地、国家企业技术中心等平台的综合资源优势，形成分品种的主要农作物种业研发联合体。

5. 组建京津冀种业协同创新联盟　建设京津冀种业协同创新共同体的前提是有共同的利益、协同的理念、互补的优势以及良性的体制。京津冀种业协同创新共同体建设的痛点在机制，短板在创新，卡位在组织。应发挥北京在全国科技创新中心建设背景下的创新优势、人才优势和投入优势，发挥天津在粳稻、黄瓜、蔬菜、菜花等方面的育种创新优势，发挥河北种业的生态区位优势、产业资源优势和土地空间优势，进一步明确北京、天津和河北在京津冀种业协同创新共同体建设的定位、角色和位置，推动与北京、天津、河北种业的优势互补，加强京津冀联合种业知识产权保护力度，加大京津冀种业政策共享力度和资金投入力度，搭建京津冀种业知识产权保护和品种鉴定保护平台，建设五大种业领域的京津冀种业协同创新联盟，进一步推动京津冀三地的种质资源保护共享、品种互认以及育种服务平台资源共享，促进京津冀种业资金投入、人才团队等方面的资源整合、高位协同。

四、聚集要素

1. 积极落实京津冀协同发展的人才政策　推动中央和北京、天津、河北的科技成果转化政策先行落地，在京津冀范围内利用财政资金设立的高等学校和科研院所，其成果转化收益用于奖励科研负责人、骨干技术人员等重要贡献人员和团队的比例不低于50%。加强种业高端人才引进和孵化力度，在研究经费、课题项目、办公场所、学术进修、人才引进等方面为种业高端人才提供激励与保障；以国家和北京、天津、河北相关人才政策为依据，研究制定人才培养、发展实施细则，对人才落户、子女上学、配偶工作、社会保障等优惠政策做出明确规定，解决种业人才后顾之忧；针对种业科研院所改革，探索研究其所属企业改革的具体实施办法，先行先试，将改革制度明确化、规范化，探索落实政策的最优路径，推动种业人才在企事业单位之间顺利流动。

2. 构建多层次种业科研人才激励机制　首先，国家应制定切实可行的、社会统一的保障机制和人才政策。其次，加快明确科研院所与种业企业在科技创新体系中的分工，产业化目标明确的商业化育种由企业承担，科研院所尽快退出商业化育种，形成公平竞争的环境。三是，制定相关政策法规，严禁科研人员将利用纳税人钱所取得的科研成果据为己有，私下转让。四是，企业应加强研发人员的人事管理、薪酬管理、激励机制等制度创新，尤其是企业管理层应该充分尊重知识、尊重人才、尊重知识产权，尊重科技人员的劳动成果，在股权激励、绩效评价等方面将研发人员与营销管理人员同等对待。

3. 推动种业科技创新资源向企业流动　推动和鼓励公益性科研院所形成的育种材料、新品种和技术成果、品种权、专利等知识产权，作价到企业投资入股或上市交易。到企业兼职的科研人员，在与所属单位、合作企业签署有效合作协议之后，可以将育种材料合法带进企业。根据企业投资额度和育种材料稳定性，确定企业享有育成品种的品种权，提高企业投资科研的积极性。支持科研院所、高等院校与企业开展产学研合作，实现人才共享、课题共研、深度合作，构建产学研协同创新机制，突破种质创新、品种选育等关键环节核心技术瓶颈。完善种业人才出国培养机制，支持企业建立企业院士工作站、博士后流动工作站。

4. 探索种业科技研发人员的流动机制　一是制定公平社会保障机制，缩小企业与事业单位研发人员退休保障差异，解决优秀人才流向企业的后顾之忧。二是制定公平的技术职称评定政策，在论文、成果等方面对企业技术人员的政策适当放宽，把企业研发人员选育的品种及应用面积作为考核的业绩与水平的评价指标。允许企业专业技术人员参评国家认可的二级以上专业技术职称。三是建立公益科研成果交易平台，制定合理的国家、单位、研发人员成果转让收益分成比例，使国有研究成果能合法、有效的向企业转移，同时保障国家、集体、研发人员个人的合法收益。四是制定研发人员双向兼职政策，加强兼职人员的人事、薪酬、研发成果管理，确保事业单位与企业的各自利益。五是种业企业加大研发平台建设投入，为种业研发人才来公司工作创造良好的工作与生活条件；同时制定研发人员入股的相关政策，吸引科研院所的研发人员主动流向企业，不断壮大种业企业技术创新团队。

参考文献

白丽，石会娟，赵邦宏，2012. 河北省种子产业的 SWOT 分析 [J]. 种子 (9)：124-126.

毕娟，2016. 京津冀科技协同创新影响因素研究 [J]. 科技进步与对策，33 (8)：49-54.

曹芳，王凯，2004. 农业产业链管理理论与实践研究综述 [J]. 农业技术经济 (1)：71-76.

常冬梅，司智霞，王翠，2011. 蔬菜种业改革与发展——天津科润黄瓜研究所经验谈 [J]. 中国蔬菜 (13)：1-4.

陈劲，阳银娟，2012. 协同创新的驱动机理 [J]. 技术经济 (8)：6-11.

陈素敏，樊俊花，2013. 京津冀区域蔬菜物流信息系统构建框架研究 [J]. 物流技术 (13)：422-424.

陈艳红，胡胜德，2014. 黑龙江省稻米产业发展的优势和问题及对策 [J]. 农业现代化研究 (2)：158-162.

陈艳红，胡胜德，2014. 优质稻米产业链整合的框架设计 [J]. 中国农机化学报 (2)：67-70.

陈印政，王大明，孙丽伟，2014. 我国蔬菜育种研究的现实困境与对策探析 [J]. 科技管理研究 (24)：86-89，106.

陈禹，2001. 系统科学的新发展与交通系统工程 [J]. 交通运输系统工程与信息 (1)：47-49.

陈志兴，何圣米，2005. 发达国家蔬菜育种研发优势及其启示 [J]. 种子 (8)：69-70.

成德宁，2012. 我国农业产业链整合模式的比较与选择 [J]. 经济学家 (8)：52-57.

程燕，李先德，2014. 我国啤酒大麦产业链成本收益分析——基于豫鄂蒙新四省区的调研数据 [J]. 农业技术经济 (8)：84-92.

程战朋，2014. 基于三螺旋理论的农业产业集群创新系统研究 [D]. 郑州：河南大学.

仇焕广，2013. 中国种业市场、政策与国际比较研究 [M]. 北京：科学出版社.

戴祖云，顾万昌，王雯雯，等，2015. 我国蔬菜种业企业科技创新现状、问题及对策 [J]. 中国瓜菜 (1)：73-75.

邓伟，李巍，张振东，等，2013. 中国现代水产种业建设的思考 [J]. 中国渔业经济 (2)：5-12.

丁海凤，于拴仓，王德欣，等，2015. 中国蔬菜种业创新趋势分析 [J]. 中国蔬菜 (8)：1-7.

窦尔翔，许刚，等，2015. 产融结合新论 [M]. 北京：商务印书馆.

杜洁茹，张迪，2015. 把脉京津冀一体化建言畜牧业协同发展——"京冀两地畜牧兽医学会共建创新发展新模式"座谈会在石家庄召开 [J]. 北方牧业 (8)：4-6.

杜文龙，2006. 我国粮食供应链整合问题探讨［J］. 商业时代（36）：7-9.

范光年，李树宝，祖璸，等，2015. 河北省种业现状调查及加快创新发展建议［J］. 经济论坛（1）：13-19.

范宣丽，刘芳，何忠伟，2015. 北京种子企业市场竞争力研究［J］. 中国种业（3）：1-4.

方福平，潘文博，2008. 我国东北三省水稻生产发展研究［J］. 农业经济问题，29（6）：92-95.

斐迪南·滕尼斯，1999. 共同体与社会［M］. 林荣远，译. 北京：商务印书馆.

付春杰，付深造，唐文东，等，2014. 种质资源流动机制亟待破题——育种家材料共享平台建设［J］. 中国种业（5）：7-8.

高磊，邵长勇，高雅霞，2012. 提高现代种业发展金融支持力度的几点建议［J］. 中国种业（4）：1-3.

耿宁，李秉龙，乔娟，2015. 我国畜禽种业发展运行机理、现实约束与路径选择［J］. 科技管理研究（13）：71-75.

郭安元，2009. 软科学思想的杰出运用：以深圳发展银行金融业务创新管理为例［J］. 中国软科学，228（12）：152-156.

郭旸，2011. 共生型跨区域旅游空间融合的 CAS 动态演化机制研究［J］. 现代城市研究（2）：33-36.

何官燕，2008. 整合粮食产业链确保我国粮食安全［J］. 经济体制改革（3）：101-103.

胡宪武，滕春贤，2010. 非完全信息下供应链竞合博弈分析［J］. 工业技术经济（7）：118-122.

季牧青，2015. 农作物种业行业分析及对相关金融服务的思考［J］. 农村金融研究（4）：28-30.

蒋明，孙赵勇，2011. 农民专业合作经济组织问题探析——基于博弈理论的实证分析［J］. 科技进步与对策（2）：28-32.

寇光涛，卢凤君，刘晴，等，2017. 东北稻米产业链收益分配研究——以黑龙江省为例［J］. 中国农业大学学报（4）：143-152.

寇光涛，卢凤君，刘晴，2016. 东北稻米全产业链的增值模式研究——以三江平原地区为例［J］. 农业现代化研究（2）：214-220.

寇光涛，卢凤君，彭涛，2016. 我国农业产业链生产、加工与销售环节的动态博弈优化研究［J］. 中国农业资源与区划（12）：179-185.

冷志明，易夫，2008. 基于共生理论的城市圈经济一体化机理［J］. 经济地理（3）：433-436.

李栋华，2010，复杂适应视角的产业系统和产业竞争力［J］. 科技进步与对策，27（1）：77-80.

李奋安，2010. 金融支持种业安全的主要路径［J］. 发展（11）：70.

李高扬，刘明广，2014. 产学研协同创新的演化博弈模型及策略分析［J］. 科技管理研究（3）：197-203.

李海波，刘则渊，丁堃，2006. 基于复杂适应系统理论的组织知识系统主体研究 [J]. 科技
　　管理研究 (7)：199-202.

李健，范晨光，苑清敏，2017. 基于距离协同模型的京津冀协同发展水平测度 [J]. 科技管
　　理研究 (18)：45-50.

李强，2011. 值得借鉴的国外种业科技创新 [J]. 北京农业 (11)：12-14.

李冉，2014. 国外畜禽良种繁育发展及经验借鉴 [J]. 世界农业 (3)：30-33.

李晓宇，王颖，2014. 非对称信息下的农产品供应链动态博弈优化模型研究 [J]. 管理现代
　　化 (5)：114-116.

李炫丽，2013. 种子企业开展科企合作的探索与思考 [J]. 中国种业 (11)：1-6.

李艳军，李万君，2012. 荷兰蔬菜种业模式及启示 [J]. 湖北农业科学 (17)：3882-3886.

李艳梅，孙焱鑫，刘玉，等，2015. 京津冀地区蔬菜生产的时空分异及分区研究 [J]. 经济
　　地理 (1)：89-95.

李育江，张家昱，2004. 陕西省奶牛良种繁育推广中心-陕西省种业集团有限责任公司奶牛
　　分公司 [J]. 现代种业 (4)：57.

厉为民，2005. 粮食安全十问 [J]. 开发研究 (3)：9-16.

廖西元，2015. 破解我国种业科技"悖论" [J]. 浙江农业科学，56 (5)：573-578.

刘德畅，孙虎，刘海礁，等，2014. 种业科企合作新机制探索 [J]. 农业科技管理，33
　　(2)：81-83.

刘菲菲，刘孟超，2016. 北京市畜牧业走向：北京创造 [N]. 京郊日报，2016-02-17.

刘国锋，赵鹏，杨通广，2009. 三元种业奶牛良种产业化研究国内领先 [N]. 首都建设报，
　　2009-05-10.

刘琴，2014. 种业科企合作新模式——开创"集团对集团"的协同创新机制 [J]. 种子科
　　技，5 (1)：8-11.

刘晴，卢凤君，李志军，等，2015. 北京市种业发展政策的系统分析与转型创新 [J]. 湖北
　　农业科学 (13)：3323-3328.

刘晴，卢凤君，李志军，等，2013. 转型期北京种业发展的战略路径 [J]. 中国种业 (11)：
　　7-11.

刘晴，卢凤君，翟留栓，等，2017. 协同创新视角的国外种业产学研结合模式启示 [J]. 世
　　界农业 (9)：182-186.

刘晴，卢凤君，张国志，等，2017. 种业创新资源向企业流动的模式与机制研究——以北
　　京顺鑫农科种业科技有限公司为例 [J]. 农业科技管理 (3)：66-70.

刘晴，卢凤君，2011. 研发创新项目绩效管理中人力资源配置的冲突及其化解 [J]. 科技管
　　理研究 (7)：118-121.

刘荣增，2006. 共生理论及其在我国区域协调发展中的运用 [J]. 工业技术经济 (3)：
　　19-21.

刘旭霞，周锦培，2011. 我国植物新品种权质押融资法律问题探析 [J]. 武汉金融 (12)：
　　15-17.

刘祚祥，2014. 种业创新体系与种业投资基金：中国种业发展战略的金融选择 [J]. 中国种业 (12)：5-8.

卢凤君，刘晴，陈黎明，等，2014. 种业科技成果托管平台构建模式与运行机制——以北京市为例 [J]. 科技与经济 (3)：96-100.

卢凤君，刘晴，谢莉娇，等，2017. 京津冀种业协同创新共同体建设的战略思考 [J]. 中国种业 (6)：1-6.

卢凤君，刘晴，2014. 借金融之力，助"种子"发芽 [N]. 中国城乡金融报，2014-10-26.

陆杉，2012. 农产品供应链成员信任机制的建立与完善——基于博弈理论的分析 [J]. 管理世界 (7)：172-173.

陆园园，薛镭，2007. 基于复杂适应系统理论的企业创新网络研究 [J]. 中国科技论坛 (12)：76-80.

罗伟林，何凤琴，潘青，等，2017. 京津冀畜牧业发展状况的比较分析 [J]. 黑龙江畜牧兽医 (20)：72-75.

马文静，陈号，田晋红，2010. 我国蔬菜生物技术育种研究进展 [J]. 安徽农业科学 (12)：6106-6108.

毛道维，毛有佳，2015. 科技金融的逻辑 [M]. 北京：中国金融出版社.

聂辉华，2013. 最优农业契约与中国农业产业化模式 [J]，经济学（季刊），12 (1)：313-330.

彭建仿，2007. 基于供应链管理的企业与农户共生关系研究 [D]. 杨凌：西北农林科技大学.

彭建仿，2010. 供应链环境下龙头企业与农户共生关系优化研究：共生模式及演进机理视角 [J]. 经济体制改革 (3)：93-98.

浦华，2015. 京津冀畜牧业协同分工建言：河北生产-天津加工-北京研发 [N]. 中国经济导报，2015-05-23.

漆贤军，陈明红，2009. 基于复杂适应系统的虚拟社区系统动态演化分析 [J]. 情报理论与实践 (12)：95-98.

齐齐哈尔市粮食局课题组，2013. 齐齐哈尔市水稻产业发展问题研究 [J]. 黑龙江粮食 (12)：24-29.

钱贵霞，张一品，吴迪，2013. 液态奶产业链利润分配研究：以内蒙古呼和浩特为例 [J]. 农业经济问题 (7)：41-47.

乔金亮，2016. 畜禽良种是畜牧业核心竞争力——现代畜禽种业需打造自主品牌 [J]. 农村农业农民月刊 (9)：12-13.

乔立娟，王文青，王光辉，2016. 京津冀协同发展背景下河北省蔬菜产业竞争力分析 [J]. 北方园艺 (24)：178-181.

秦富，李先德，吕新业，2008. 河南小麦产业链各环节成本收益研究 [J]. 农业经济问题 (5)：13-19.

邱荣旭，2010. 中国旅游圈空间格局的 ABS 分析 [D]. 上海：华东师范大学.

任智，侯军岐，2015. "互联网＋"形势下种业的发展之路 [J]. 中国种业（12）：19-21.

时如愿，2012. 我国蔬菜种业竞争力问题研究 [D]. 泰安：山东农业大学.

史宝娟，郑祖婷，2017. 京津冀生态产业链共生耦合机制构建研究 [J]. 现代财经（天津财经大学学报）（11）：3-13.

宋华东，楚秀生，2011. 增强研发能力 进一步提升民族种业的市场竞争力 [J]. 中国种业（12）：2-3.

宋修伟，2014. 育种资源要素如何向企业流动 [J]. 种子科技（2）：13-15.

宋修伟，2012. 凝聚起建设种业强国的向心力：中国种业发展两年回眸 [N/OL]. 农民日报，2012-12-23，http：//www. agri. cn/V20/ZX/nyyw/201312/t20131223 _ 3720994. htm.

宋逊风，施中英，2011. 种业借力资本市场势在必行 [J]. 北京农业（23）：20-21.

孙芳，刘明河，刘立波，2015. 京津冀农业协同发展区域比较优势分析 [J]. 中国农业资源与区划（1）：63-70.

太行鸡品牌正式发布——为我省首个通过国家鉴定的地方鸡品牌 [N/OL]. 河北日报，2016-05-16. http：//hbrb. hebnews. cn/html/2016-05/16/content _ 100744. htm.

唐萍，高原，张馨宇，等，2011. 辽宁蔬菜种质资源平台建设现状与发展建议 [J]. 园艺与种苗（1）：20-22.

唐五湘，刘培新，2014. 科技金融平台运行机制研究 [J]. 科技与经济（4）：135.

佟屏亚，2004. 中国种业人力资源大流动评议 [J]. 种子世界（3）：18-20.

万钢，2012. 强化种业科技创新，支撑现代农业发展：在第二届中国博鳌农业（种业）科技创新论坛上的讲话 [J]. 中国软科学（2）：1-4.

王聪，朱先奇，刘玎琳，等 . 2017. 京津冀协同发展中科技资源配置效率研究——基于超效率 DEA-面板 Tobit 两阶段法 [J]. 科技进步与对策（19）：47-52.

王磊，刘丽军，宋敏，2014. 基于种业市场份额的中国种业国际竞争力分析 [J]. 中国农业科学（4）：796-805.

王立浩，方智远，杜永臣，等，2016. 我国蔬菜种业发展战略研究 [J]. 中国工程科学（1）：123-136.

王全辉，李争，2012. 中国种业发展现状问题及其政策建议 [J]. 中国农学通报，28（35）：148-151.

王士坤，张德富，2010. 提高我国种业科技创新能力的几点思考 [J]. 安徽农学通报，16（12）：14-15.

王晓凌，2012. 中国东北粳稻供需及产业经营状况研究 [D]. 北京：中国农业科学院.

王晓蓉，宋治文，王丽娟，等，2014. 天津市蔬菜种业产业链研究 [J]. 天津农业科学（12）：43-46.

王亚飞，唐爽，2013. 我国农业产业化进程中龙头企业与农户的博弈分析与改进——兼论不同组织模式的制度特性 [J]. 农业经济问题（11）：50-57.

王志刚，李腾飞，黄圣男，2013. 基于 Shapley 值法的农超对接收益分配分析：以北京市绿富隆蔬菜产销合作社为例 [J]. 中国农村经济（5）：88-96.

文文，2014. 陕西种子企业融资路径研究 [D]. 杨凌：西北农林科技大学.

吴飞龙，叶美锋，林代炎，2014. 浅谈科技人员如何做好科企合作 [J]. 农业科研经济管理
　　(2)：45-48.

吴泓，顾朝林，2004. 基于共生理论的区域旅游竞合研究——以淮海经济区为例 [J]. 经济
　　地理 (1)：104-109.

吴江，2015. 天津市种子产业现状及解决措施 [J]. 中国农业信息 (11)：153.

肖凡平，唐小我，张明善，2005. 供应链系统的复杂适应性及其仿真实现 [J]. 管理学报，
　　2 (5)：25-28.

晓蓉，贾宝红，信丽媛，等，2015. 天津现代种业体系建设的构想与建议 [J]. 天津农业科
　　学 (6)：28-31.

邢岩，陈会英，周衍平，等，2008. 种子企业植物品种权证券化融资探析 [J]. 中国种业
　　(10)：11-14.

熊肖雷，李冬梅，2016. 创新环境、协同创新机制与种业企业协同创新行为——基于要素
　　流动视角和结构方程模型的实证研究 [J]. 科技管理研究 (12)：158-165.

徐春春，周锡跃，李凤博，2013. 中国水稻生产重心北移问题研究 [J]. 农业经济问题
　　(7)：35-40.

徐东辉，方智远，2013. 中国蔬菜育种科研机构及平台建设概况 [J]. 中国蔬菜 (21)：
　　1-5.

徐兴才，罗坤，李宏，等，2015. 加强科企合作　提升企业创新能力研究——以云南省农
　　业科学院为例 [J]. 农业科技管理，34 (4)：67-70.

许诗凡，赵晓铎，2016. 加拿大奶牛遗传物质进出口情况及对中国的启示 [J]. 中国乳业
　　(9)：72-75.

闫傲霜，2012. 构建具有中国特色的新型种业体系 [J]. 中国农业科技 (3)：7-8.

杨霞，2013. 天津市现代种业发展约束与破解对策 [J]. 天津农业科学 (9)：67-69.

杨雅生，2009. 利用海外资本发展中国种业 [J]. 农家参谋：种业大观 (1)：5-6.

姚文韵，刘冬杰，2011. 我国农业上市公司融资来源与投资规模的关系研究 [J]. 农业经济
　　问题 (8)：45.

姚艳虹，夏敦，2013. 协同创新动因——协同剩余：形成机理与促进策略 [J]. 科技进步与
　　对策 (20)：1-5.

叶献伟，2013. 信息不对称下的我国玉米种业市场危机研究 [J]. 种业导刊 (10)：5-9.

尹士，2015. KF 种业公司融资渠道案例研究 [D]. 大庆：黑龙江八一农垦大学.

余晓洁，2013. 我国约 80% 的种猪、70% 的蛋鸡、85% 的奶牛品种都依赖进口 [J]. 北京
　　农业 (8)：53.

昝林森，王洪宝，成功，等，2015. 世界牛种业科技发展现状及其对我们的启示 [J]. 中国
　　牛业科学 (3)：1-7.

詹存钰，叶浩，严巧玲，等，2014. 科企合作模式与品种权保护利用方式 [J]. 江苏农业科
　　学，42 (4)：428-430.

张彩霞，周衍平，2010. 大学—企业专利许可的演化博弈分析 [J]. 济南大学学报（社会科学版），20（5）：49-53.

张国志，卢凤君，刘晴，等，2016. 种业与金融结合的路径及机制研究 [J]. 中国种业（12）：8-13.

张国志，卢凤君，刘晴，等，2017. 种业与金融结合的路径模式研究 [J]. 中国种业（1）：6-12.

张国志，卢凤君，2015. 新形势下我国种子企业融资问题研究 [J]. 北方金融，424（10）：15-16.

张国志，2017. 种业发展的金融服务模式研究 [D]. 北京：中国农业大学.

张建国，2015. 加快构建京津冀协同创新共同体 [J]. 经济与管理，29（1）：11-12.

张健，霍仕平，张兴端，等，2014. 新形势下农作物种业科企合作模式的思考 [J]. 种子，33（8）：64-67.

张兰民，2014. 国外种业进驻我国种业市场的现状与思考 [J]. 中国种业（3）：7-9.

张磊，王娜，谭向勇，2008. 猪肉价格形成过程及产业链各环节成本收益分析：以北京市为例 [J]. 中国农村经济（12）：14-26.

张利庠，张喜才，2007. 我国现代农业产业链整合研究 [J]. 教学与研究（10）：14-19.

张世煌，2013. 防范种业危机 [J]. 农家参谋：种业大观（7）：9-11.

张喜才，张利庠，张屹楠，2011. 我国蔬菜产业链各环节成本收益分析：山东、北京的调研 [J]. 农业经济与管理（5）：78-90.

张秀芬，冯中越，2016. 环京津蔬菜基地建设与蔬菜质量安全监管 [J]. 商业经济研究（2）：205-207.

张永强，2009. 中国蔬菜种子产业发展研究 [D]. 哈尔滨：东北农业大学.

张钰，顾传学，李洪汇，2015. 京津冀协同发展给河北畜牧业带来新机遇 [J]. 中国畜牧业（2）：35-37.

张照新，方华，孔祥智，等，2014. 加快科研要素向种子企业流动的政策研究 [J]. 中国种业（4）：1-6.

张振东，2015. 我国水产新品种研发基本情况与展望 [J]. 中国水产（10）：39-42.

赵昌文，陈春发，唐英凯，2013. 科技金融 [M]. 北京：科学出版社.

赵冬梅，2014. 蔬菜现代种业产业链特点与发展对策 [J]. 中国蔬菜（12）：4-8.

赵海燕，李硕，刘芳，等，2014. 中外种业产学研模式对比及思考 [J]. 世界农业（8）：32-37.

赵久然，李云伏，2007. 玉米生产在北京都市农业中的地位和作用 [J]. 作物杂志（5）：5-7.

赵玉珍，2014. 银行和中小企业共生关系实证分析及对策建议 [J]. 青岛科技大学学报：社会科学版（9）：76.

郑风田，李明，2009. 大豆产业链的成本与利润分配：黑龙江个案 [J]. 改革（5）：61-67.

周中胜，罗正英，段姝，2015. 网络嵌入、信息共享与中小企业信贷融资 [J]. 中国软科学，293（5）：126-128.

祝尔娟，叶堂林，鲁继通，2015. 京津冀发展报告（2015）——京津冀区域协同创新研究[M]. 北京：社会科学文献出版社.

Gavirneni S, 2001. Benefits of cooperation in a production distribution environment [J]. European Journal of Operational Research，13（12）：611-622.

Hill J A, Eckerd S, Wilson D, et al, 2009. The effect of unethical behavior on trust in a buyer-supplier relationship：The mediating role of psychological contract violation [J]. Journal of Operations Management，27（4）：281-293.

Jolly V K, 1997. Getting from mind to the market—The commercialization of new technology [M]. American：Harvard Business School Press.

Maloni M J, Benton W C, 1997. Supply chain partnerships：Opportunities for operations research [J]. European Journal of Operational Research [J]. European Journal of Operational Research，101（3）：419-429.

Narasimhan R, Swink M, Viswanathan S, 2010. On Decisions for Integration Implementation：An Examination of Complementarities Between Product Process Technology Integration and Supply Chain Integration [J]. Decision Sciences，41（2）：355-372.

Philippe A, Peter H, David M F, 2004. The effect of financial development on convergence：Theory and Evidence [J]. NBER Working Paper，10358：1-51.

Pray C E, 2001. Public private sector linkage in research and development：Biotechnology and the seed industry in Brazil, China and India [J]. American Journal Agricultural Economy，83（3）：742-747.

Surana A, Kumara S, Greaves M, Raghavan U N, 2005. Supply-chain networks：A complex adaptive systems perspective [J]. International Journal of Production Research，43（20）：4235-4265.

图书在版编目（CIP）数据

京津冀种业协同创新共同体建设路径与机制/卢凤
君等著．—北京：中国农业出版社，2018.8
ISBN 978-7-109-24091-9

Ⅰ.①京… Ⅱ.①卢… Ⅲ.①种子－农业产业－研究
－华北地区 Ⅳ.①F326.1

中国版本图书馆 CIP 数据核字（2018）第 092773 号

中国农业出版社出版
（北京市朝阳区麦子店街 18 号楼）
（邮政编码 100125）
责任编辑 周锦玉

北京通州皇家印刷厂印刷 新华书店北京发行所发行
2018 年 8 月第 1 版 2018 年 8 月北京第 1 次印刷

开本：720mm×960mm 1/16 印张：11.75
字数：201 千字
定价：38.00 元
（凡本版图书出现印刷、装订错误，请向出版社发行部调换）